Ernst Gladbach

Der schweizer Holzstil in seinen kantonalen und konstruktiven Verschiedenheiten

Vergleichend dargestellt mit Holzbauten Deutschlands. Erste Serie, Dritte Auflage

Ernst Gladbach

Der schweizer Holzstil in seinen kantonalen und konstruktiven Verschiedenheiten
Vergleichend dargestellt mit Holzbauten Deutschlands. Erste Serie, Dritte Auflage

ISBN/EAN: 9783337511005

Hergestellt in Europa, USA, Kanada, Australien, Japan

Cover: Foto ©berggeist007 / pixelio.de

Weitere Bücher finden Sie auf **www.hansebooks.com**

DER
SCHWEIZER HOLZSTIL

IN SEINEN

KANTONALEN UND KONSTRUKTIVEN VERSCHIEDENHEITEN

VERGLEICHEND DARGESTELLT

MIT

HOLZBAUTEN DEUTSCHLANDS

VON

ERNST GLADBACH,
WEILAND PROFESSOR AM POLYTECHNICUM ZU ZÜRICH

ERSTE SERIE.

DRITTE AUFLAGE.

ZÜRICH.
VERLAG VON CAESAR SCHMIDT.
1897.

EINLEITUNG.

„Die Bauart der Bauernhäuser, wo sie noch historisch und ächt ist, gehört
„eben so gut der Kunstgeschichte, als das Volkslied der Geschichte der Musik."
Land und Leute von W. H. Riehl. S. 164.

Wie im Volkslied und in den Volkstrachten, so hat auch die schweizerische Nationalität in dem eigenthümlichen Holzbau der letzten Jahrhunderte einen Ausdruck von allgemein anerkanntem poetischem und künstlerischem Werthe gefunden.

Der Schweizer Holzstyl hat sich durch seine reiche Ausbildung in constructiver und decorativer Hinsicht, wie durch seine malerische Wirkung einen ehrenvollen Platz in der Reihe architectonischer Bildungen gesichert.

Bis jetzt sind vorzugsweise diejenigen Holzbauten des Berner Oberlandes, welche im Blockverbande construirt sind, durch sehr schätzenswerthe Aufnahmen veröffentlicht worden.*)

Abweichend von dieser Bauart tritt der Blockbau auch ausserhalb des Berner Oberlandes auf. Diejenige von Unterwalden und Luzern nähert sich ihm am meisten. In Uri und Schwyz scheint sich die älteste Weise mit noch spätmittelalterlichen Formen erhalten zu haben. Die Blockhäuser von Zürich, Zug und St. Gallen mit ihren hohen steilen Schuppendächern zeigen schon einen entschieden anderen Charakter, welchem sich der von Appenzell anschliesst. Am meisten entfernt sich davon die Bauweise in den Cantonen Thurgau und Aargau und in den flachen Landen der Cantone Zürich und St. Gallen, wo der Blockbau mehr oder weniger verlassen wurde. Hier verbindet sich ein abgespreiztes und verstrebtes Ständerwerk mit eingeschobener Bohlenwand, womit gleichsam ein Uebergang zu dem deutschen Riegelwerksbau angedeutet ist. Gleichzeitig finden wir hier das mit Steinen ausgemauerte Fachwerk zahlreich vertreten, wobei stets die Holzverbindungen die sorgfältigste Ausführung selbst in den kleinsten Details zeigen.

Wie sich das Schweizer Blockhaus mit dem Tyroler in Parallele stellen lässt, so möchten wir obiges Ständerwerk, welches sich auch noch in einem Theile des Berner Oberlandes findet, der Bauart des Schwarzwaldes,**) und oben erwähnte Fachwerkbauten denen einiger Gegenden Deutschlands an die Seite stellen und belehrende Vergleiche daran knüpfen. Andere interessante Vergleiche bieten die Grundrissanlagen der Bauernhäuser in Solothurn, Oberaargau und Emmenthal, wo Viehzucht mit Ackerbau verbunden ist und wie in den norddeutschen Marschen, Menschen und Vieh unter einem weiten Dach untergebracht sind, dessen grossartige Räume zur Aufbewahrung von Vorräthen dienen, so dass das ganze Haus mehr Dach als Mauer zeigt.

Die Berner Holzbauten tragen überall, wo sie als Blockhäuser auftreten, den streng ausgeprägten Typus des Blockverbandes an sich. Die möglichst durchlaufenden, liegenden Wandbalken überschneiden sich an allen Kreuzungspunkten mit Abgabe ihrer halben Holzstärke und treten aussen als sogenannte Vorstösse vor den Wänden um eine Holzstärke vor. Dabei haben die Dächer eine flache, dem ferneren Süden entsprechende Neigung, um die Schindelbedeckung mit schweren Steinen belastet, tragen zu können. In den mitgetheilten Publikationen ist diese Bauart fast allein vertreten, was zur Annahme berechtigen könnte, dass der Schweizer Holzstyl unzertrennlich mit dem Block-

bau verbunden sei. Die Nutzanwendung desselben beschränkte sich auf die Fälle, wo der Blockbau als Constructionsprincip zu Grunde gelegt wurde. In den meisten Ländern wird hingegen bei Holzbauten nur der Riegelbau mit unterschiedlicher Ausfüllung der Zwischenfelder angewendet und es gewinnt diese Bauart selbst in der Schweiz durch die Abnahme der Waldungen täglich mehr Boden. Wie sich die Deutschen Lande durch ihre eigenthümliche Ausbildung des Riegelbaues ausgezeichnet haben, so sind es in anderer Weise die erwähnten östlichen Cantone der Schweiz, welche seit Jahrhunderten entweder ausschliesslich in einigen Districten nur den Riegelbau anwendeten oder die Mischung und allmählichen Uebergänge beider Constructionsweisen zeigen.

In diesen Cantonen finden wir die Eigenthümlichkeiten des Schweizer Holzstyls ebenso entschieden repräsentirt als im Berner Oberlande, was wir zunächst an einigen ausgewählten Gebäuden hervorheben wollen, welche die unterscheidenden Merkmale am deutlichsten an sich tragen. Es soll dabei mehr Gewicht auf das rein Constructive als auf das Malerische gelegt werden, denn wie diese Constructionen nicht nur von schweizerischem, sondern von ganz allgemeinem Interesse sind und in ihrer Ausbildung Muster für alle Zeiten sind, so ist dem praktischen Nutzen dieser Blätter durch die grössere Verbreitung des Riegelbaues ein weiteres Feld gesichert. Wenn auch überall da, wo der Stein zur Hand liegt, das Holz wenigstens aus den Umfangswänden zu verdrängen ist, so möge ihm doch da, wo es unentbehrlich bleiben wird, seine Berechtigung zu stylistischer Behandlung nicht entzogen werden: und gerade hierzu bietet der Schweizer Holzstyl die schönste Anleitung. Wir finden hier Alles, was die Architectur eines sinnigen Landvolkes anziehend machen kann:

„Einen Schmuck, der mit der Oertlichkeit und Umgebung har-
„monirt, der die Pflanzenwelt in vielverschlungenen Wein- und
„Obstranken zu der bescheidenen architectonischen Schöpfung
„heranzieht, Wände und Vordächer mit einem frischgrünen Teppich
„bekleidet und so Natur und Kunst innig und malerisch mit
„einander verbindet,

einen Schmuck, der ebensowohl von dem noch frischeren poetischen Sinn der letzten Jahrhunderte, wie die Sinnsprüche an den Häusern und die Beziehungen der Ornamente zu den Beschäftigungen der Bewohner, Zeugniss giebt, als auch die kindliche Phantasie der Handwerker spiegelt, deren Freude an ihrer Arbeit sich im Lohn für dieselbe war und die uhr Andenken häufig durch Beifügung ihres Namens und der Jahreszahl zu verewigen hofften.

Es bietet sich uns die Mannigfaltigkeit der formellen Ausbildung desselben Themas im Gegensatz zur Entäusserung aller besonderen Zierden einer Construction, in deren schlichtester Einfalt und primitiver architectonischer Gestaltung oft ein erhöhter Reiz für den forschenden Künstler liegt, welcher dem Werth auch unscheinbarer Details in dem Zusammenhang mit dem Ganzen sucht,

„eine stylistische Formenwelt, welche selbst bei den reichsten
„phantastischen Schnitzwerken niemals der Natur des Materials
„oder der Construction zuwiderläuft und vorzugsweise bei Auftrag-
„tung äusserst geringer decorativer Mittel, stets eine verständige
„Rücksicht auf Massenwirkung zeigt.

Alle diese Vorzüge finden wir, häufig gehoben durch eine glückliche Stimmung natürlicher und künstlicher Farben, an den hier aus-

---

*) Graffenried & Stürler: Architecture Suisse. — Hochstätter: Schweizer Holzarchitectur. — Varin: l'architecture pittoresque en Suisse. — Förster's: Bauzeitung u. a. m.

**) Dr. H. Geyer: Holzverbindungen Deutschlands. — Eisenlohr: Holzbauten des Schwarzwaldes.

gewählten Beispielen schweizerischer Holzbauten. Sie bilden eine Fundgrube zu stylistischer Belebung der Construction. Ihrem jugendlichen Reize kann die moderne Architectur manche Formen ablauschen, Freude und Erholung gewährt ihr Studium beim Zurückgehen auf die einfacheren Zustände der Natur. Nur die älteren und häufig die ältesten dieser Häuser halten mit Zähigkeit die gute Sitte fest: die Construction stets auf eine sinnreiche Weise durch die veredelten Formen durchleuchten zu lassen und nirgends einen Schmuck anzuwenden, dem nicht eine constructive Nothwendigkeit oder Zulässigkeit zu Grunde liegt. In gleicher Weise haben sich gesunde Traditionen bei den Verbindungen der Hölzer im Einzelnen erhalten, wie die Ueberblattungen in zierlichen Schwalbenschwanzformen mit durchlaufenden Hölzern unter Vermeidung von Zapfen und wie die schön geschnitzten Holznägel, welche erst im 18. Jahrhundert häufiger durch eiserne ersetzt wurden. Eben so führte die Vorliebe für Dreiecksverbindungen wie bei Giebelfronten und bei luftigen durchbrochenen Wänden, zur Ausbildung eigenthümlicher Gitterwände, deren grösste von 100 Fuss Länge und 30 Fuss Höhe sich vom Jahr 1721 in dem Dachstuhl der Kirche zu Baar, im Canton Zug, als Träger der 50 Fuss langen Balken erhalten hat. In den späteren baroken Zeiten des 18. Jahrhunderts versteckt sich dagegen alle Construction hinter Brettern, so dass das ganze Haus nur glatte, ebene oder geschweifte Flächen für den Maler darzubieten scheint, oder hüllt sich in fremde klassische Formen ein, welche die Natur des Materials verläugnen, wie die Holzfaçaden mit dorischen Pilasterordnungen, Triglyphen, Metopen und weit ausladenden Tropfgesimsen, alles in Verbindung mit dem steilen Schindeldache.

Die Reihe der älteren meist auch interessanteren Holzbauten nimmt täglich mehr und mehr ab: was der Zahn der Zeit und die Elemente verschonen, das muss der einreissenden, nivellirenden Modesucht weichen, dem Mangel an Erkenntniss des historischen und künstlerischen Werthes, oder einem missleiteten Geschmack. Dazu kommt die Wanderung transportabler werthvoller Schätze in das Ausland, wie der reichen geschnitzten und mit Holzmosaiken belegten Möbel, der gemalten und ornamentirten Kachelöfen, ja ganzer Wände- und Decken-Bekleidungen.

In nicht fernen Zeiten wird man von der alten Ausstattung des Inneren dieser Schweizerhäuser, in einzelnen Kabinetten englischer Lords oder französischer Banquiers bessere Kunde als auf dem heimischen Boden erhalten, obgleich diese schönen Geräthe dort nicht denselben Eindruck machen können, weil sie aus dem ursprünglichen Zusammenhang herausgerissen sind. Von ganz verschiedenen Seiten und gewichtigen Stimmen wird daher gemahnt, diese werthvollen Architecturen vor ihrem raschen Verschwinden noch zu sammeln und der Vergessenheit zu entreissen.

Der Verfasser hat bei strenger, wahrheitsgetreuer Darstellung des wirklich vorhandenen, an die folgenden Monographien ausgewählter Schweizer Holzbauten, mit Berücksichtigung der eigenthümlichen Verbindung des Holz- und Steinbaues eine in constructiver Hinsicht vergleichende Uebersicht derselben am Schlusse beigefügt.

Uebersicht des Inhaltes.

Nachdem wir mit Rücksicht auf die beiden constructiven Hauptrichtungen der Schweizer Holzbauten, nämlich den Riegel- und Ständer-Bau einerseits, sowie den Blockbau andrerseits, vier auswählbate, diese Richtungen vertretende Beispiele mit Beschreibung vorausgeschickt, konnten wir uns sodann auf eine kurze Erklärung der übrigen Tafeln mit Hinweis auf die vorausgeschickten Monographien beschränken und endlich mit einer vergleichenden Uebersicht an stammverwandter Deutscher Holzbauten abschliessen.

Bezüglich der Reihenfolge der übrigen Tafeln halten wir uns an die durch die Monographien einmal bestimmte Ordnung, indem wir den Riegel- und Ständer-Bau dem Blockbau vorausschicken, so zwar, dass ähnliche Constructionen in denselben Kantonen unmittelbar auf einander folgen.

Die vier Monographien.

Tafel 1. 2. Manneberger Mühle . . . . } Kanton Zürich.
 „ 3. 4. Rosswinkl im Fischenthal . . . .
 5. Haus der Gebr. Schmid in Buellnacker . . . Kanton Aargau.
 „ 6. 7. Haus des Friedensrichters in Meiringen . . . . Kanton Bern.

Riegel- und Ständer-Bau.

Tafel 8. Höngg und Schirmensee . . . . Kanton Zürich.
 „ 9. Häuser Pfnoteru und Horgen . . . . „ „
 „ 10. Wythikon und Rang in Enge . . . . „ „
 „ 11. Fenster-Laden zu Birmensdorf . . . . „ „
 „ 12. Altes Wirthshaus zu Baar . . . . Kanton Zug.
 „ 13. Sigristenwohnung zu Marbach . . . . Kanton Luzern.
 „ 14. Haus in Eggiwyl . . . . Kanton Bern.

Blockbau.

Tafel 15. Wohnhäuser im Kanton Schwyz . . . . Kanton Schwyz.
 „ 16. Haaseböchli bei Steinen . . . . „ „
 „ 17. Pfarrhaus in Steinen . . . .
 „ 18. Heuschoppen und Stallung in Flüelen . . . . Kanton Uri.
 „ 19. Häuser und Capelle an der St. Gotthardstrasse „ „
 „ 20. 21. Das hohe Haus zu Wolfenschiessen . . . . . Kanton Unerwalden.
 „ 22. 23. Hochsteig bei Watwyl . . . . Kanton St. Gallen.
 „ 24. Pfarrhaus in Peterzell . . . . „ „
 „ 25. Haus in Rüti . . . .
 „ 26. Schilli Haus in Meiringen . . . . Kanton Glarus.
 „ 27. 28. Käsespeicher und Michel's Haus in Bönigen . . Kanton Bern.
 „ 29. Speicher in Brienz . . . . „ „
 „ 30. Speicher-Bauten in Langnau . . . . „ „
 „ 31. Stützconstructionen der Lauben und Vordächer „ „
 „ 32. Saanen . . . . „ „
 „ 33. Schulhaus in Rougemont . . . . Kanton Waadt.
 „ 34. Pfarrhaus in Rossluhères . . . .
 „ 35. Scheuer in Cinuskel, Dach der Mühle zu St. Maria Kanton Graubünden.
 „ 36. Haus Fallet in Bergün . . . . „ „
 „ 37. Scheuer in Zernes und Laube in Alvaneu . . „ „
 „ 38. Haus Cuorat in Lavin . . . . „ „

Die Manneberger Mühle.
(Tafeln 1. 2.)

Die Manneberger Mühle bei Effretikon im Kanton Zürich, liegt isolirt am Fusse eines bewaldeten Abhanges (des sogen. Mannebergs), im Kempththale, nahe an der Eisenbahn von Zürich nach Winterthur. In Folge dieses Bahnbaues würden die Hofraithe und Wasserwerke der Mühle so kostspielige Umbauten veranlasst haben, dass die Bahnverwaltung für zweckmässiger fand, die ganze Hofraithe anzukaufen und den Mühlenbetrieb eingehen zu lassen. Es erscheinen daher bei der auf Tafel 1 dargestellten westlichen Ansicht des Hauses die Spuren des ehemaligen Mühlengrabens mit den drei Wasserrädern auf der südlichen Langseite verwischt.*) Im Uebrigen ist der ursprüngliche Zustand des Hauses noch ziemlich gut erhalten, indem die Mühle von der Zeit ihrer Erbauung an, bis zum Verkaufe an die Bahnverwaltung, im Besitz der Familie Wegmann erblich verblieben ist. Von jener Zeit belehrt uns eine Holzconsole an der südwestlichen Ecke des Hauses, wonach Ulrich Bruzer im Jahre 1675 der Zimmermann war. (Fig. 1.) Die Untersichten solcher dem Auge zugewandten und vor dem Schlagregen geschützter Consolen wurden häufig zu dergleichen in das Holz eingerissenen Inschriften benutzt. Zur Seite des Hauses, Tafel 1 sieht man im Hintergrunde ein kleines Oeconomiegebäude, die Schweinställe und den Abtritt enthaltend, und den zum Hofe gehörigen Brunnen. Das Unsymmetrische der Thüren- und Fenstereintheilung auf der Giebelfronte geht aus der Grundrissanlage hervor, und macht durch die Färbung des Hauses gehoben, einen sehr malerischen Eindruck. Das Holzwerk der Fachwände löst sich durch tiefrothen Anstrich vom weissen Grunde der Mauerflächen ab und bei den Läden und Einfassungen der Kuppelfenster, sowie bei den zierlich ausgeschnitzten Holzknöpfen des Dachwerkes vereinigen sich noch grün und gelb mit roth und weiss. Die Mauerecken des Hauses waren als Steinverzahnung mit schwarzen Linien bemalt und zur Seite der Hausthüre die weisse Tünche mit Bibelsprüchen und schwarzen Ornamenten bekleidet.

Gehen wir zu der Grundrissanlage des 20 m. langen und 14,4 m. breiten Gebäudes (Fig. 2.) über, so führt uns eine gegen Südwesten vorgelegte Freitreppe von Stein, a, mit zierlichem Eisengeländer zu der Hausthüre und dem Hausgange b des erhöhten Erdgeschosses. Rechts vom Hausgang und unter demselben, von Giebel zu Giebel liegen die verschiedenen höher und tiefer liegenden Böden c, c, c, für das Mühlengeschäft. Die Letzteren sind durch eine zweiarmige Treppe mit dem Gange b verbunden und vornen durch zwei eichene Ständer mit Brüstung davon geschieden. Links liegen die Thüren zum Wohn-

zimmer d und zur Küche e, sodann die Treppe f zu dem oberen Geschoss mit einem Seitenausgang nach dem Hofe. Von dem Fachwerk der linken Gangwand zunächst der vorderen Hausthüre sind die oberen

Fig. 1.

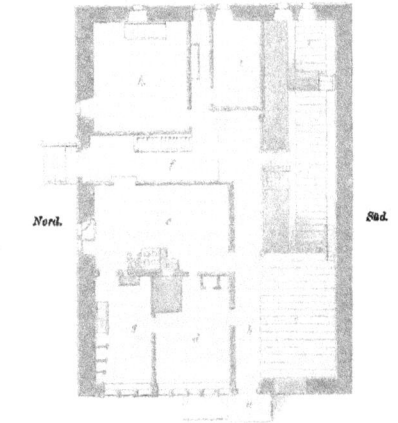

Fig. 2. Maasstab 1 : 200.

vier Gefache mit folgenden Versen, (schwarz auf weisser Tünche, 2,1 bis 2,4 cm. hoch mit 2,4 cm. Spacies zwischen den Zeilen) beschrieben :

1. Herr Mein Gott Ich danke Dir
Rühm deine Götte Für und für
Das durch deine Grosse Krafft
Du die Nahrung Uns verschafft.
Gibst noch unser Täglich Brodt
Das zu diesem Leben Noth
Dank Sey Dir Herr Zebaoth.

2. Das getreydt das uns beschert
Deine Fürsorg aus der Erd
Wird durchs mahlen Fein geschlacht
Und Zu reinem Mähl gemacht
Daraus man bachet gutes Brodt
Das zu diesem Leben Noth
Dank Sey Dir Herr Zebaoth.

3. Wenn der Müller fröhlich Singt
Und die Müh. Tapfer Klingt
Jeder man Sich desen Freudt
Will dardurch das Lieb getrayd
Wird bereitet Zu dem Brotdt
Das zu diesem Leben Noth
Dank Sey Dir Herr Zebaoth.

4. Ach Herr Lass der Mühl gang
Und des Müllers Freudengsang
Nimmer mehr an hören nicht
Dann will er das Werck Varricht
Fehlt uns nicht das Täglich Brodt
Das Zu diesem Leben Noth
Dank Sey Dir Herr Zebaoth.

Fig. 3. zeigt eine Ansicht der linken Gangwand mit dieser Inschrift nach der Eingangsthüre zu, nebst einem Ständer und Brüstung vom unteren Mühlboden aus. Von den 5 Kuppelfenstern erhellte Wohnzimmer d steht mit der Küche e und dem von 3 Fenstern erhellten Nebenzimmer g in Verbindung. Ein grosser Kachelofen erwärmt beide Zimmer, aber das Nebenzimmer weniger, so dass später noch ein besonderer Ofen in demselben angebracht wurde. Eben daselbst befinden sich verschiedene Wandschränke vor der Mauer und eine der Wandschrankthüren führt an eine kleine versteckte Lauftreppe zu dem oberen Schlafzimmer.

---

*) Die Magnetnadel weicht bei 360° Peripherie von der Giebelflucht um 24° nach der Längenachse zu ab.

Fig. 3.

Fig. 4. Maassstab 1 : 200

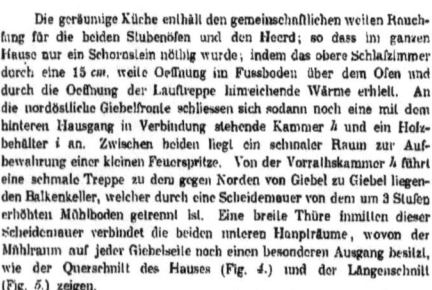

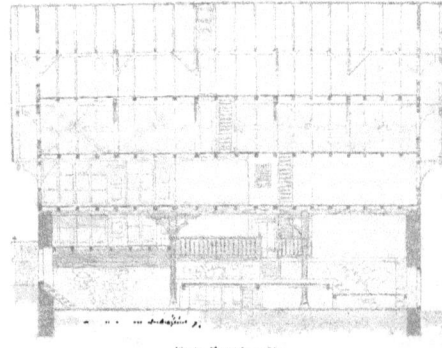

Fig. 5. Maassstab 1 : 200.

Die geräumige Küche enthält den gemeinschaftlichen weiten Rauchfang für die beiden Stubenöfen und den Heerd; so dass im ganzen Hause nur ein Schornstein nöthig wurde; indem das obere Schlafzimmer durch eine 15 cm. weite Oeffnung im Fussboden über dem Ofen und durch die Oeffnung der Lauftreppe hinreichende Wärme erhielt. An die nordöstliche Giebelfronte schliessen sich sodann noch eine mit dem hinteren Hausgang in Verbindung stehende Kammer h und ein Holzbehälter i an. Zwischen beiden liegt ein schmaler Raum zur Aufbewahrung einer kleinen Feuerspritze. Von der Vorrathskammer h führt eine schmale Treppe zu dem gegen Norden von Giebel zu Giebel liegenden Balkenkeller, welcher durch eine Scheidemauer von dem um 3 Stufen erhöhten Mühlboden getrennt ist. Eine breite Thüre inmitten dieser Scheidemauer verbindet die beiden unteren Hauptsäume, wovon der Mühlraum auf jeder Giebelseite noch einen besonderen Ausgang besitzt, wie der Querschnitt des Hauses (Fig. 4.) und der Längenschnitt (Fig. 5.) zeigen.

Aus der Grundrissanlage des Erdgeschosses geht eine möglichst vielseitige Verbindung aller Räume unter sich, mit den oberen und unteren Stockwerken und nach Aussen hervor. Der obere Boden enthält nach Südwesten ein Schlafzimmer mit 5 Fenstern nach dem Giebel und 2 Fenstern gegen Norden, ein Vorzimmer mit 2 Fenstern und 1 Besuchzimmer mit 2 Fenstern nach Westen und 2 nach Süden, sämmtlich an Decken und Wänden getäfelt; im Uebrigen Gänge und Treppe zum Dach wie unten und eine Reihe daran sich schliessender Kammern. An der hintern Giebelseite befindet sich im oberen Stock ein kleiner mit dem Gang in Verbindung stehender Abtritt, dessen Holzwände nur mit Brettern verschaalt sind und wie man deutlich sieht, später angebaut wurde. Die vorstehenden Dachböden haben keine Zwischenwände und dienten als Fruchtspeicher.

Technische Baubeschreibung.

Mauern und Wände.

Die Umfangsmauern des Erdgeschosses und die Scheidemauer des Balkenkellers sind aus Findlingssteinen von geringer Lagerhaftigkeit und unregelmässigen Bruchsteinen in sehr gutem Mörtel, mehr oder weniger schichtenweise aufgeführt und an den 4 Ecken des Hauses mit behauenen Sandsteinen garnirt. Ausserdem sind die Stufen und Potestplatte der vorderen Haustreppe, die Hausthürschwelle, die Postamente für die Mahlböden und für die Holzpfosten (Fig. 3.), die Fussbodenplatten vom hinteren Mühlenraum, die Füsse und die 12 cm. starke Platte des Kachelofens von 1,650 m. Breite und 1,890 m. Länge, der Wasserstein in der Küche, wie auch die Schüröffnungen und Heerdeinfassung, endlich der Hofbrunnen nebst Trog von behauenen Sandsteinen. Im Ganzen wurden hier, wegen der entlegenen Brüche, wenig behauene Steine verwendet, denn die äusseren Thür- und Fenster-

gestelle des Erdgeschosses sind mit Ausnahme der steinernen Hausthürbank von Eichenholz eingesetzt. Die Mauern der beiden Langseiten, welche auf 20 m. Länge keine Querverspannung haben, sind 75 cm. dick; die beiden Giebelmauern 70,5 cm., die Scheidemauer des Kellers 57 cm. und die Brustmauer der vorderen Kuppelfenster 30 cm. dick. Im Innern des Mühlraums sind die Mauern wie Aussen getüncht und geweisst, im Keller aber nur die Fugen bestochen. Die unteren 18 cm. dicken Scheidewände, die 15 cm. starken Umfangs- und Scheidewände des oberen Stockes und die beiden Giebelwände, bestehen aus tannenen zweimal verriegelten Fachwerken, unregelmässig in Feldsteinen in Mörtel ausgemauert, und mit Sichtbarlassung des Holzes übertüncht und geweisst sind. Bei der geringen Wanddicke war die Ausmauerung nur durch Bekleidung einer der Wandseiten mit einer provisorischen Bretterwand auszuführen, um auf beiden Seiten ebene Flächen zu erhalten, wie noch heute bei Umgehung der Ausmauerung mit Backsteinen geschieht. Bemerkenswerth ist die Verstärkung der Wandhölzer bei den Eckpfosten (Tafel 1, Fig. 1.) 27 cm. auf 33 cm., bei den Wandpfosten an den Knotenpunkten der Scheidewände 18 cm. auf 21 cm. und 27 cm., bei der Mauerschwelle 21 cm. auf 33 cm. und bei allen Schwellen und Rahmhölzern 18 cm. auf 21 cm. stark. Da die übrigen Wandhölzer im unteren Stocke nur 18 cm. dick und 19,5 cm. breit, im oberen Stocke nur 15 cm. dick und 16,5 cm. bis 18 cm. breit sind, so treten jene Verstärkungen der Hauptconstructionstheile alle nach innen vor.

Die Schwellen der Scheidewände laufen bei den Thüröffnungen in voller Stärke durch und tragen damit zur Verspannung der Wände und Gebälke bei.

Fig. 6. Maasstab 1 : 50

Fig. 6 zeigt einen Theil der vorderen Giebelwand in Ansicht und den Durchschnitt der Längenwand. Die 16,5 cm. breiten Büge überschneiden sich bündig und sind an den Enden wie alles Riegelholz eingezapft. Ein kreisrundes Wandholz in der Mitte besteht aber nur aus 4 aufgenagelten 4,5 cm. dicken und in die Büge eingelassenen Breitstücken. Man hat diese Täuschung hier und da bei Neubauten weiter ausgedehnt, indem man ganz roh gearbeitetes mageres Riegelwerk nach der Ausmauerung über Holz und Stein weg (unter Nachahmung reicherer Fachwerke, aussen mit abgehobelten und mit Oel angestrichenen fetten Breitern benagelte und die Zwischenfache verputzte.

Bei den Scheidewänden des Hauses ist die schiefe Stellung der inneren Wandpfosten häufig vermieden, dann aber die verschiebbare viereckte Form durch kurze bündig überschnittene und mit Schwalbenschwänzen an den Eckpfosten verbundene Büge (Fig. 6.), durch Dreiecksform unverschieblich gemacht.

Höhe der Stockwerke.

Der Balkenkeller hat im Lichten 3 m., das Erdgeschoss 2,235 m. das obere Geschoss bei den Dielen 2,4 m., der erste Dachboden 2,56 m. Höhe, die untere Brüstungshöhe beträgt 0,48 m., die obere 0,885 m. Bei den Giebeln stehen die Wandflächen senkrecht auf einander, das Balkenprofil unten musste wegen der freien Bewegung der Fensterladen (Tafel 2. Figur 11.) einwärts der Wandflucht springen, die Brüstungsprofile und das obere Balkenprofil springen dagegen 6 cm. und 3 cm. vor. Die beiden 30 cm. hohen eichenen Brustriegel der unteren 8 Giebelfenster zapfen sich in den noch in die Brustmauer tiefer eingreifenden Scheidewandpfosten. Die eichenen Fensterpfosten sind 10,8 cm dick, im Wohnzimmer 15 cm. im Kabinet daneben 12 cm. breit. Der Brustriegel der oberen 7 Fenster darüber ist von Eichenholz, die 10,5 cm. dicken, 15 cm. breiten Fensterpfosten sind von Tannenholz.

Wandbekleidungen.

Das Fensterbrett des Wohnzimmers und Kabinets ist 16,5 cm. breit 3 cm. dick und wie die mit liegenden Brettern bekleidete Brüstung und die durchlaufenden Sitzbänke davor aus Kirschbaumholz.

Die Wände dieser Zimmer sind mit stehenden tannenen 1,8 cm. dicken Brettern und profilirten 6,9 cm. breiten Leisten auf den Fugen zwischen den Fuss- und Gesimsleisten verkleidet. Die Fensterbretter der 3 oberen Giebelzimmer sind 9 cm. breit 3 cm. dick von Kirschbaumholz, die Bekleidungen des Schlaf- und Vorzimmers sind wie die unteren, diejenigen des Besuchzimmers sind in neueren Zeiten mit in Rahmen gestemmten Füllungen ausgeführt worden.

Die eichenen Pfosten zur Seite des unteren Hausganges sind oben 39 cm. unten 29,1 cm. quadratisch, die eichenen Unterlagen und Profilirungen versehen, welche in die Holzstärke eingearbeitet und nicht aufgeleimt sind (Fig. 3.). Die eichenen Knaggen daran sind 12 cm. auf 16,5 cm. stark, tragen kurze, ausdrucksvoll profilirte Unterzüge von Eichenholz in 18 cm. auf 21 cm. Stärke, darüber die tannenen Durchzug von 22,5 cm. auf 25,5 cm Stärke. Die Zierbretter der Brustwehr sind 2,1 bis 2,4 cm. dick, 13,5 cm. breit und greifen in die ausgenutheten Fuss- und Brustriegel von 18 cm. auf 18 cm. und 12 cm. auf 15 cm. Stärke.

Böden und Decken.

Der Kellerboden ist rauh gepflastert. Der vordere Theil des Bodens im inneren Mühlraum mit Brettern auf tannenen Rippen gediellt, der hintere Theil mit geschliffenen 1,35 m. breiten, 1,8 m. langen Sandsteinplatten belegt. Der Boden des Mahlgerüstes besteht aus 8,1 cm. dicken, stumpf gestossenen sich 1,5 m. freitragender Bohlen auf 2 eichenen profilirten Balken von 36 cm. auf 36 cm. Stärke und 7,8 m. Länge, welche durch eichene 22,5 cm. auf 24 cm. starke Querbalken verspannt werden (Fig. 3 A B).

Das tannene Gebälke über dem vorderen Mühlenraum, zur Seite des tiefer liegenden Hausganges, ist mit 3,6 cm. dicken überfalzten Bohlen belegt. Die Balken sind hierbei 18 cm. auf 21 cm. stark. Das durch Scheidewände, Heerd und Ofenanlagen stark belastete Kellergebälke ruht auf 3 eichenen 33 cm. auf 36 cm. starken Unterzügen, welche an der Mauer auf 24 cm. starken Schwellen und diese auf eingemauerten eichenen Consolen liegen. Die eichenen Balken sind 30 cm. auf 30 cm. stark, liegen 87 cm. von Mitte zu Mitte und sind unter dem Wohnzimmer und Kabinet mit einem Schrägboden versehen, das heisst, die Balkenfelder sind mit kurzen in die Nuthen der Balken auf der halben Höhe derselben eingetriebenen Brettern ausgefüllt. Sodann sind die Böden dieser Zimmer einfach gedielt, der Hausgang und die Kammern des Erdgeschosses mit eingenutheten 3,6 cm. dicken Bohlen belegt, die Küche aber auf den Dielen mit Backsteinen geplättet, so dass die Balken beim Schrägboden auf 12 cm. Höhe, im Uebrigen auf ihre ganze Höhe dem Luftzuge ausgesetzt sind. Bei den Gebälken der beiden Stockwerke liegen die 21 cm. auf 24 cm. starken Balken 99 cm. von Mitte zu Mitte und sind mit überfalzten 3.9 cm. dicken, 36 cm. bis 60 cm. breiten und 6,6 m. langen Bohlen belegt.

Am Fusse des Daches springen die Balken um 9 cm. vor die äussere Wandflucht, um die Aufschieblinge zu stützen und den Sparrenzapfen einen gesicherten Halt zu geben. Antritte und Austritte der Treppen ruhen auf kurzen Wechseln zwischen je 2 ganzen Balken. Nur bei dem Rauchfange in der Küche findet eine grössere Ausweichung von 2,7 m. auf 3,3 m. statt, wobei das Gebälke mit eisernen Bändern an starken auf den Wänden ruhenden Unterzügen befestigt ist, um die Last des Schornsteinbusens und Kamins zu tragen.

Bei dem ersten Kehlgebälke tragen sich die 20 cm. auf 24 cm. starken und 99 cm. von Mitte zu Mitte liegenden Balken auf die beträchtliche Spannweite von 8,25 m. bei den Lehrgespärren frei, denn nur die Bundbalken erhalten durch die Spannriegel eine Verstärkung von 22,5 cm. Dieses Gebälke ist mit überfalzten 3.9 cm. dicken Dielen belegt. Das zweite Kehlgebälke hat 16 cm. auf 19 cm. starke Balken und keine Bretterlage.

Decken.

An der Decke des Wohnzimmers ist das Gebälke unterhalb mit tafelweise, in profilirte 10,5 cm. breite 6 cm. hohe Rippen oder Leisten eingenutheten Brettern bekleidet und bilden 16 Felder von 0,885 m. Breite und 1,38 m. Länge. Auf ähnliche Weise ist die Decke des Kabinets daneben und die des oberen Schlafzimmers construirt, so dass die Deckengebälke dieser Zimmer oberhalb und unterhalb ohne Ausfüllung der Zwischenfelder verschaalt sind. Dasselbe gilt von der Decke des oberen Vorzimmers, welche aus einfacher Bretterbekleidung des Gebälkes, und derjenigen des Besuchzimmers, die aus 18 cm. breiten Rahmen und kleinen eingestemmten Füllungen bestehen.

In allen übrigen Räumen des Hauses bleiben die Balken von unten sichtbar.

Dachconstruction.

Die Dachconstruction besteht aus Tannenholz. Der Dachwinkel ist etwas spitzer als 90 Grad. Der Vorsprung des Daches an den Langseiten vermittelst der Aufschieblinge beträgt 0,9 m., an den

Giebeln 1,35 m. Die steigenden 99 cm. von Mitte zu Mitte entfernten Sparren sind durch zwei Hauptpfetten gestützt. Die untere Pfette ruht auf liegenden Stuhlpfosten, die oberen auf stehenden Bundpfosten. Die Binder sind 3,9 m. von Mitte zu Mitte entfernt. Sodann sind die Sparren im unteren Drittheil ihrer Länge von einer Zwischenpfette und Andreaskreuzen gestützt, welche in bündigen Ueberschneidungen durchgehen und in Dachschwellen und Pfetten eingreifend, nebst den Bügen der oberen Stuhlpfosten (Fig. 5) äusserst wirksam gegen den Längenschub sind. Die Dachhölzer sind wie die Balken auf ihre hohe Kante gestellt, nur die Sparren liegen zum bessern Stoss der Latten auf ihrer Breitseite. Bei allen Verbindungen der Hölzer sind 30 cm. lange, 3,75 cm. starke viereckig keilförmige Nägel aus ganz trockenem hartem Holze eingetrieben. Eiserne Nägel kommen nur bei Befestigung der Latten vor. Die unteren liegenden Stühle gestatten nach Abzug der Schornstein- und Treppen-Oeffnungen einen ganz freien Kornboden von 244 ☐m. Flächenraum. Der zweite Kornboden bietet 145 ☐m. Fläche dar.

Die oberen stehenden Bundpfosten bilden mit den sie kreuzenden Streben und Bügen kurze unverschiebliche Dreiecke. Ihre zweckmässige Verbindung mit der Pfette und dem Kehlbalken geht aus Fig. 7 hervor.

Fig. 7.

Stärke der Hölzer.

1) **Liegender Bund.**
Liegender Stuhlpfosten unten 21 auf 18 cm., oben 42 auf 18 cm., Spanriegel 17,0 auf 23,5 cm., Jagbug 15 auf 18 cm., Hauptpfette 18,6 auf 24 cm., Zwischenpfette 14 auf 16,5 cm., Andreaskreuze 10,5 auf 12 cm., Sparren unten 13 auf 21,6 cm., oben 13 auf 15 cm., Kehlbalken 20 auf 24 cm. einerseits vor dem Spanriegel 3 cm. vorstehend.

2) **Stehender Bund.**
Bundpfosten 20 auf 24,5 cm., Strebe 9 auf 10,5 cm., Büge 11 auf 12,7 cm., Pfette 19 auf 24 cm., Kehlbalken 16 auf 19 cm.

Die Art und Weise, wie die äussersten Sparren am Vorsprung des Giebeldaches mit der vorschiessenden Hauptpfette und Rahmhölzer der Seitenwände mittelst kurzer Balkenstiche und Pfösteichen in kleinen Dreiecken verbunden sind (Tafel 1. Fig. I.), ist sehr zweckmässig und in den verschiedenen Kantonen mannigfaltig stylisirt. Diese Construction scheint sehr alt, da in dem alten Dachstuhl der Kirche St. Martin in Landshut die sämmtlichen Lehrsparren in gleicher Weise auf die Pfette aufgesattelt sind. Dort bildet ein ganz kurzer Balkenstich mit Pfösteichen mit den Sparren in Schwalbenschwanzformen überbunden ein kleines Dreieck, in welchem die Pfette ein gesichertes Auflager findet. An diesen Giebelfaçaden beruhen die grösseren Dreiecke auf gleichen Principien und bilden eine Hauptzierde derselben. Die Knöpfe und Profilirungen an den Enden der Hölzer sind stets aus dem ganzen Holze herausgeschnitten und bilden häufig wie hier 2 in einander gesteckte Tetraeder. Die vorstehenden Pfetten sind durch krumm gewachsene Büge unterstützt, welche den inneren Längenverband nach Aussen fortsetzen. Die vorspringenden Giebel-Untersichten sind nur mit Latten mit bemalten Brettern verkleidet und die vorstehenden Hirnseiten der Latten mit profilirten Ortbrettern geschützt. Die Profilirung derselben unterscheidet sich vortheilhaft in ihren Formen von den in neuerer Zeit oft so willkürlich gegen die Holzfaser gerichteten Einschnitten. —

Eindeckung.

In Fig. 8 ist auf der linken Seite die Eindeckung des Mühlendaches im Maasstab 1:15 und rechts im gleichen Maasstabe die im Südwesten Deutschlands übliche Ziegelbedachung zur Vergleichung dargestellt. Links ist die einfache Reihendeckung mit unterlegten Holzschindeln, welche an andern Orten als feuergefährlich nicht zugelassen werden; rechts die doppelte Deckung mit Ueberbindung der Fugen ohne Holzschindeln ersichtlich. Links leiten die auf der Oberfläche der Ziegel (in deren Formen) eingedrückten kleinen Kanäle das Wasser von den Kanten nach der Mitte, rechts umgekehrt von der Mitte nach den Kanten, um es in beiden Fällen auf die Mitte der folgenden Steine und von den Fugen abzuweisen. Links liegen die Latten 30 cm. von Mitte zu Mitte auf 81 cm. frei [*]; rechts 12,6 cm. auf eine Weite von 71,4 cm. Diesen Spannweiten entsprechen die ganz verschiedenen Dimensionalität in den Dachziegel und Latten und die unverkennbare Proportionalität in den Stärken und Spannweiten der tragenden Bauhölzer, welche wir hier zusammenstellen:

	Fig. links. Schweizer Dach.	Fig. rechts. Deutsches Dach.
Spannweite der Pfetten a von Bund zu Bund	3,96 m.	2,7 m.
Stärke derselben . . .	18,6 auf 24 cm.	15 auf 18 cm.
Spannweite der Sparren von Pfette zu Pfette	3,45 m.	3 m.
Stärke derselben im Mittel	14 auf 18 cm.	12,6 auf 12,6 cm.
Spannweite der Latten zwischen den Sparren	81 cm.	71,4 cm.
Stärke derselben . . .	3 auf 6 cm.	2,25 auf 3.75 cm.
Dimensionen der Ziegel: Länge . .	42,0 cm.	32,5 cm.
„ „ „ Breite . .	16,5 cm.	16,2 cm.
„ „ „ Dicke . .	2,0 cm.	13 cm.

Dimensionen der Holzschindeln: 36 cm. lang, 5-7 cm. breit u. 2-3 mm. dick.

---

[*] Bei Neubauten im Kantone Zürich wird bei einfacher Reihendeckung mit Schindelunterlage 21 cm. weit und bei doppelter fugenüberbindender Deckung 15 cm. weit von Mitte zu Mitte gelattet, wobei Ziegel und Holzdimensionen noch dieselben sind, wie die auf der linken Seite Fig. 8.

Schornstein.

Der Schornstein ist mit stehenden Backsteinen aufgeführt, so dass er bei einer Höhe von 10 m. die Gebälke weniger belastet. Obgleich jetzt solche stehende dünne Steinschichten bei Feuerungsanlagen untersagt sind, so behandeln wir doch diesen einfachen Gegenstand hier eingänglicher, weil sich die allgemeinen Constructionsprincipien sehr bestimmt dabei nachweisen lassen.

Die Steine des Schornsteinbusens und der Gebälkaufsattlungen sind 33 cm. lang, 16,5 cm. breit und 6 cm. dick. Diejenigen des senkrechten Schlotes und des Hutes sind 28,5 cm. lang, 14,4 cm. breit und 4,5 cm. dick. Der Schornstein erhebt sich ringsum frei von allem Holzwerk, wie die Durchschnitte Fig. 4 und 5 zeigen, und seine geringe Wandstärke von 4,5 und 6 cm. ist bei den Gebälken durch liegende Steinschichten, wie Fig. 9. zeigt, verstärkt.

Seine untere Breite von 60 cm. Quadrat erweitert sich vom oberen Kehlgebälke an bis unter den Hut allmählich auf 66 cm. und 75 cm. Seitenlänge.

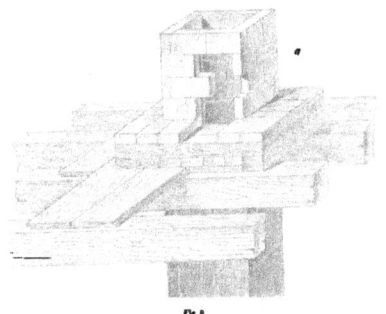

Fig. 9.

Der Hut, Fig. 10., wendet seine entsprechende schmale Breite der Wetterseite zu. Die weite Mündung des Busens geht in Form einer vierseitigen Pyramide innerhalb des oberen Stockes in die 51 cm. weite Oeffnung des bestehgebaren Schlotes über. Die Grundfläche dieser Pyramide hat 3,3 m. Länge und 2,7 m. Breite. Der 48 cm. hohe Fuss derselben ruht mit sieben gelegten Schichten auf den ausgekehlten Balken und Unterzügen. Darauf stützen sich die schräg gestellten Steine des Busens in kegelartiger Aushauchung der Wände, um einen äusseren Druck auf die Ecken zu übertragen. Sodann sind die Aussenwände mit einem dicken mit Fruchthülsen vermischten Kalkmörtel überzogen.

Fig. 17.

Die Aufsattlung, Fig. 9., mittelst der auf 4 Querschwellen liegenden Steinschichten wiederholt sich viermal in Distanzen von 2,4 m. auf 3 m., was eben so zweckmässig ist durch die Vertheilung der Last auf vier Punkte, wie durch den Abschluss der 10 m. langen, hohlen und dünnen Röhre in kurze Distanzen, welche für sich allein genügende Stabilität besitzen und an den genannten Punkten sehr feste Ringe oder Knoten gebildet werden.

Der Hut, Fig. 11., besteht aus einem Giebeldach über der lichten Oeffnung des Schlotes und aus einem Mantel von gestellten 2 cm. dicken Dachziegeln. Vermöge seiner guten Construction hat er sich nun bald 200 Jahre unverändert erhalten. Mehrere horizontale Ringe von gelegten Schichten aus zum Theil doppelten Dachziegellagen unterbrechen die auf die hohe Kante gestellten Steine periodisch in verschiedenen Höhen: zuerst am unteren und oberen Abschluss des Halses, sodann am Fuss des Giebeldaches, endlich am oberen Abschluss des Mantels und vertheilen jeden einseitigen Druck gleichmässig auf den ganzen Umfang und sämmtliche Stützpunkte.

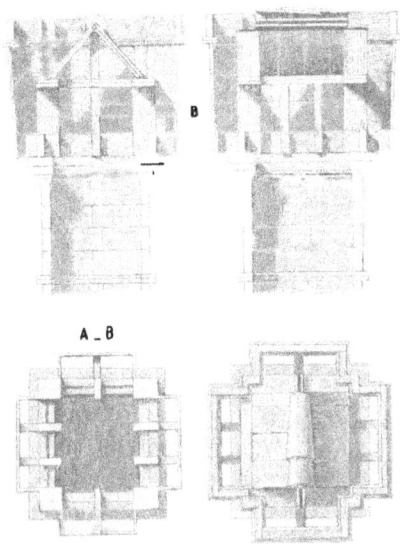

Fig. 11. Maasstab: 1:15.

Auf dem Fussgesimse des Hutes tragen consolartig vorstehende Backsteine, welche zwischen vier starke Eckpfeiler auf ihre schmale Langseite gestellt sind, die auf die schmale Breitseite gestellten Stützen des Giebeldaches, sowie die äusseren Mantelflächen nach dem Princip des Gleichgewichts und sind gegen jede Seitenbewegung durch zwischengestellte Ziegelsteine verspannt. Letztere sind bei dem äusseren Mantel durch keilartiges Zurichten gegen das Herabgleiten gesichert.

Die doppelt in Mörtel aufeinander gelegten Ziegel des Giebeldaches stützen sich oben auf eine Eisenstange von 30 mm. und 7,5 mm. Stärke, welche auf zwei gestellten Steinen an den Giebeln ruht und deren Spitzen mit einander verankert. Zwei Hohlziegel decken das Eisen auf der Dachfirste.

Die Belastung der erwähnten Consolsteine durch das innere für den Rauchdurchlass durchbrochene Giebelhäuschen vermehrt die Stabilität des ganzen Hutes durch ihren nur in senkrechter Richtung wirkenden Druck.

Das Regenwasser fliesst durch die zehn unteren Oeffnungen des Mantels und der Rauch zieht bei jedem widrigen Winde ungehindert ab.

Treppen.

Die Stufen der vorderen Haustreppe und die Podestplatte sind von Sandstein. Erstere haben 30 cm. Auftritt, 16,5 cm. Steigung und 1,2 m. Länge. Letztere ist 2,38 m. lang, 1,26 m. breit, 16,5 cm. dick und mit zwei eisernen Ringen zum Anbinden der Zugthiere versehen. Der überwölbte Raum unter der Treppe diente für den Haushund.

Die Eckstäbe des eisernen Geländers sind 18 auf 18 mm. stark, schraubenförmig geschmiedet, nach Fig. VIII. nicht so nahe an die Ecken der Sandsteine, dass diese, wie man so häufig sieht, durch die Oxidation des Eisens zerspringen.

Die Zwischenstäbe sind 16,5 auf 16,5 mm. stark und mit den Querstäben oben und unten vernietet. Der obere als Handgriff ist 42 mm. breit, in der Mitte 9 mm., an den Seiten für den Wasserablauf nur 6 mm. dick, und der untere ist 12 auf 30 mm. stark. An dem Mittelstab des Podestes ist ein eisernes Mühlrad in stylisirter Form angebracht, Fig. III. und V., an den übrigen Stäben zum Theil abwechselnd die verschlungenen Züge Fig. VII. von 6 auf 16,5 mm. Stärke. Diese

Züge behalten ihre symmetrische Form auch bei dem steigenden Geländer Fig. 12., und sind nicht nach der schrägen Steigung in widrige Kurven verschoben.

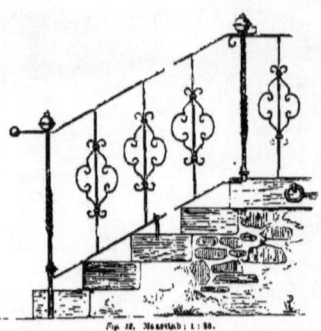

Fig. 12. Maasstab 1:10.

Die Knöpfe der Eckstäbe bilden Hohlkugeln von 11,4 cm. Durchmesser aus zwei Halbkugeln von dünnem Blech, zwischen denen eine dünne Blechscheibe mit vorstehendem Rande als eine feste Horizontalebene gegen äussere Einbiegungen eingelegt ist. Diese drei Theile sind zum Einlassen in den Stab durchlöchert, welcher von da in cylindrischer Form durch die Hohlung der Kugel durchgeht und oben in einem Schraubengewinde endigt, Taf. 2 Fig. IX. und X. Die aufgesetzte Schraubenmutter presst sodann alle Theile fest zusammen und das Stabende ist zum vollen Schluss noch vernietet.

Die vom Hofe in den Mühlraum führende Treppe ist von Eichenholz, alle übrigen Treppen sind von Tannenholz. Die Tritte sind in starke Wangen eingeschoben und ohne Futterbretter, dagegen sind die beiden Stockstiegen unterhalb und seitwärts mit Brettern verschalt; dieselben haben sehr bescheidene Dimensionen: ihre Breite mit den Wangen beträgt 90 cm., die Wangen sind 15 auf 18 cm. stark, die Tritte 3 cm. dick und 28,5 cm. breit. Sie überdecken sich um 12 cm., so dass der eigentliche Auftritt nur 16,5 cm. und die Steigung 21 cm. beträgt. Aehnlich sind die Dimensionen der übrigen Holztreppen.

Haus- und Zimmer-Thüren.

Die vordere Hausthüre ist einflügelig von Tannenholz, im Lichten 0,93 m. auf 1,845 m., mit einem kleinen Oberlicht über dem Thürriegel. Sie besteht aus 3,9 cm. starken Dielen, von innen mit zwei Einschubleisten, von denen die untere 1,95 cm. starken Rahmleisten so verdoppelt, dass die Dielen in zwei Füllungen sichtbar bleiben.

Zwei Langbänder auf den Einschubleisten in Kloben, ein Thürklopfer und ein deutsches Druckerschloss bilden das Beschläg.

Die zweiflügelige Hausthüre zum vorderen Mühlboden, Tafel 2. Fig. III., ist von gleicher Construction wie die vorige und im Lichten 1,53 m. auf 1,92 m. Die beiden Dielen sind hier mit eichenen 4,5 cm. auf 6,9 cm. starken Einschubleisten, mit 1,8 cm. dicken stumpf gestossenen aufgenagelten Rahmleisten und mit eichener Schlagleiste versehen. Eine kleine Lichtöffnung in der Füllung ist mit einem ausgeschnittenen ringsum aufgenagelten Blech geschlossen. Die Verbindung des bogenförmigen Thürgestelles zeigt Fig. IV.

Die Zimmerthüren sind gestemmt mit zwei quadratischen Füllungen. Die Thüren im Wohnzimmer sind nebst Futter und Bekleidung von politirtem Kirschbaumholz, im Lichten 0,93 m. auf 1,86 m. und ihre Profilirung (Fig. 13.) von guter Wirkung.

Fig. 13. Maasstab 1:10.

Das Beschläg besteht aus Kloben mit Schippen- oder Kreuzband und deutschem Druckerschloss. Die übrigen Zimmerthüren sind diesen ähnlich, jedoch von Tannenholz.

Fenster.

Die acht Fenster des Wohnzimmers und Kabinets im Erdgeschoss sind zweiflügelige Sprossenrahmen neueren Ursprungs. Von den sieben Fenstern des oberen Stockes über jenen, sind noch einige von der älteren Bauart erhalten.

Diese sind Sprossenrahmen aus Lerchenholz, im Lichten 0.795 m. auf 1,05 m. und bestehen aus zwei Querflügeln, wovon der untere seitwärts aufgehende 12 Scheiben, der obere sich nach Oben öffnende 4 Scheiben enthält.

Die Holzstärken sind Folgende: Futterrahmen 54 mm. auf 24 mm., Losholz 42 mm. auf 39 mm., Flügelrahmen 40 mm. auf 39 mm., mit der entsprechenden Verstärkung durch Wassernasen an den Wetterschenkeln, Sprossen 21 mm. auf 39 mm.

Fischbänder, Winkelbänder, Knöpfe und Vorreiber bilden das Beschläg dieser Flügel.

Alle übrigen Fenster sind neuerer Construction und die des Erdgeschosses gegen Norden und Osten durch eiserne Gitter nach Aussen geschützt.

Läden.

Das Wohnzimmer des Hauses wurde gewöhnlich gegen Südwesten oder Südosten gelegt und näherte sich der quadratischen Grundform von 4,5 m. bis 6 m. Seitenlänge.

Seine geringe Höhe von 2,1 m. bis 2,55 m. und das oft nur von einer Seite einfallende Licht, welches durch die niedrigen Fenster und deren meistens in Blei gefassten kleinen Scheiben so wie durch die Vordächer beschränkt wurde, bedingten bei der Tiefe des zu erleuchtenden kleinen Raumes eine möglichst dichte Fensterstellung, die sogenannten Kuppelfenster. Bei vier solcher gekuppelter Fenster kommen noch Klappläden vor, indem je zwei mittelst Charniere sich deckender Läden an die Wandpfeiler beiderseits anschlagen. Sobald aber diese Zahl überschritten wurde, mussten die Läden entweder nach Oben oder nach Unten aufgeklappt oder geschoben werden.

Diese Schiebeconstruction wurde dann auch bei weniger wie vier gekuppelten Fenstern am Hause gleichförmig durchgeführt, auch so zuweilen, dass sich bei zwei Fenstern die Läden seitwärts schoben, oder bei drei Fenstern der mittlere Laden abwärts, die andern beiden aber seitwärts.

Je nach kantonaler Sitte oder nach Maassgabe des disponiblen Spielraums fand die eine oder andere dieser Schiebbewegungen statt. Während die Klappläden der Architectur unsrer modernen Façaden nicht immer zur Zierde gereichen und mehr wie ein nothwendiges Uebel betrachtet werden, so gewähren die verschiedenen Schiebeconstructionen verbunden mit einem zierlich durchgebrochenen und bemalten Leistenwerk dem alten Schweizerhause den grössten Schmuck. Solche Läden bildeten mit ihren und der Fenster Umrahmungen das Feld für phantastische Nachbildungen der Pflanzen- und Thierwelt, Tafel 2. Fig. I., so wie für reich stylisirte Schreinerarbeiten, wie das Fenster auf dem Titelblatte von einem Hause bei Wattwyl im Kanton St. Gallen zeigt.

Die Construction der Schiebladen ist von der Bauart des Hauses ganz unabhängig und bleibt dieselbe, mag es ein Fachwerk oder ein Blockhaus oder ein ganz von Stein erbautes Haus sein, indem bei letzterem zur Befestigung der Ladenrahmen Steinschrauben statt Nägel angewendet wurden.

Es kann hierdurch die ganze Ladeneinrichtung vom Hause abgenommen werden, ohne die Wandconstruction desselben zu ändern.

Starke Bohlen von 3,75 cm. bis 6,75 cm. Dicke und 9 cm. bis 18 cm. Breite sind seitwärts ausgenuthet und mit 2 oder 3 starken Nägeln an die Holzwand oder mit Schrauben an die steinernen Fenstergestelle befestigt.

Die runden oft verzinnten Nagelköpfe treten an der dunklen Holzwand hell hervor. Die auf zwei Seiten gefederten Laden laufen in den Nuthen der Bohlen und werden mit einem daran befestigten dünnen Seil auf und abgezogen. Die Querverbindung der Bohlen wurde durch bündig überschnittene oder aufgenagelte Leisten bewirkt.

Bei der Manneberger Mühle kommen nur an den 15 Fenstern der vorderen Giebelhälfte Läden mit Schiebeinrichtung nach Oben vor, die übrigen Fenster sind mit Klappläden versehen, deren vorletzte Bohle durch je 2 Einschubleisten verstellt sind.

Die ausgenutheten und an die Fensterpfosten genagelten Bohlenständer haben im unteren Stock 6,6 cm. Dicke, im oberen 3,9 cm. Dicke und stehen unten auf den Brüstungsgesimsen. Ihre Breite von 12 cm. bis 15 cm. richtet sich nach der der Fensterpfosten.

Fig. 14. Maassstab: 1:7½.

An ihrem oberen Ende und in der Höhe der Fenstersturze bilden aufgenagelte und oberhalb mit aufgeleimten 4,5 cm. hohen Karniesleisten garnirte Bretter von 16,5 cm. Höhe und 1,8 cm. Dicke die Querverspannung und sind nach Fig. 14. palmettenartig ausgeschnitten; sodann durch ein schief aufgelegtes Simsbrett gegen den Regen geschützt.

Auf der einen Seite jedes Eckständers sind stehende profilirte Leisten von 2,4 cm. Dicke und 10,5 cm. Breite stumpf aufgenagelt, greifen über die ganze Höhe derselben und auf der Mittellinie der Zwischenstände nur über die obere Hälfte. Diese Leisten haben theils einen ästhetischen Zweck, indem sie die steigende Bewegung der Läden hervorheben und die Rahmen schärfer umgrenzen, theils schützen sie die Hirnseiten der Querbretter und Karniesleisten.

Die Reihe der Kuppelfenster ist sodann auf jeder Seite von einem profilirt ausgeschnittenen Brett eingerahmt. Diese die Fuge der Bohlenständer an der Wand deckenden Zierbretter von 2,1 cm. Dicke und 31,5 cm. Breite sind stumpf an die Bohlenständer gestossen und an die Wand genagelt.

Die unten 1,29 m., oben 1,14 m. hohen beweglichen Läden bestehen aus 2,4 cm. dicken verleimten Brettern, die oben und unten mit zwei verkeilten Zapfen in die Nuthen der eichenen Hirnleisten von 6,3 cm. Dicke und 4,8 cm. Höhe eingreifen und auf den Seiten gefedert sind.

Die Befestigung des 6 mm. dicken Zugseils der Laden an den unteren Hirnleisten geht aus Tafel 2. Fig. II. hervor. Das Seil läuft über zwei kleine 3 cm. dicke Rollen von Buchsbaumholz, welche in den Fensterriegel eingelassen sind und wird im Inneren des Zimmers durch einen Holznagel angehalten. Gegen das Oeffnen des geschlossenen Ladens von Aussen ist auf der Bank ausserhalb vor dem Fenster ein eisernem Haken befestigt, der in ein am unteren Hirnleisten des Ladens angenageltes Oehr eingreift.

Malerei der Läden.

Die Läden sind roth mit weisser Scheibe auf grünem Grund und weisser Einfassung.

Die auf der Mitte der Bohlen stehenden Leisten sind gelb. Die Palmetten der Querbretter (Fig. 14.) unten her grün und oben her gelb auf rothem Grunde eingefasst. Die Schwanen der Seitenbretter sind weiss mit rother Einfassung, die Mühlradformen darüber gelb und die Palmetten darunter grün und gelb eingefasst.

Die dunkelrothe Farbe leuchtet als herrschende Grundfarbe vor.

Rosswiesli,

im Fuchsloch, Gemeinde Fischenthal, Kanton Zürich.

(Tafel 3 & 4.)

Das auf den Tafeln 3. u. 4. dargestellte Bauernhaus, Rosswiesli genannt, gehört zur Gemeinde Fischenthal im Kanton Zürich und liegt in einem engen Seitenthal der Töss in sogenannten Fuchsloch unfern vom Gasthause „am Steeg".

Tafel 3. zeigt den südöstlichen Giebel mit einem Theile der angrenzenden Scheuer und den Grundplan des Erdgeschosses in 1/100 der natürlichen Grösse. Dieses Haus zeichnet sich durch seine schönen Verhältnisse, zweckmässige Einrichtungen und durch eine höchst schlichte Bauart in Holz aus.

Es repräsentirt bei sehr mässigem Umfang die Construction der verstrebten Ständer mit eingeschossenen Bohlen und zeigt bei hinreichender Stärke der tragenden Theile oder eigentlichen Holzgerippes eine äusserst leichte Behandlung aller Füllwerke an Wänden, Böden und Decken.

Eine Inschrift am Stubenofen enthält mit der Jahreszahl 1785 die Namen des ersten Besitzers DAUID KÄGI und seiner Gattin SVANA SHÖSH. Mit jener Angabe stimmt die Zeit der Erbauung des Hauses sicher überein.

An das Wohnhaus schliessen sich die Scheuertenne Tafel 3., a. der Kuhstall b und die Futterkammer c an. Das Giebeldach über diesen Räumen kreuzt sich rechtwinklig mit dem des Wohnhauses, dessen Firstlinie etwas höher liegt.

Welchen Gelass das Wohnhaus trotz seinen beschränkten Dimensionen bietet, zeigen die 4 Grundrisse Fig. 15. Eine Holztreppe vor der Hausecke linker Hand führt durch die Hausthüre zu einer kleinen Flur d des Erdgeschosses, von da zu der Thüre des Wohnzimmers e und gegenüber zu derjenigen der Tenne, in welche einige Stufen abwärts führen. Neben der Hausthüre befindet sich ein kleines Fenster

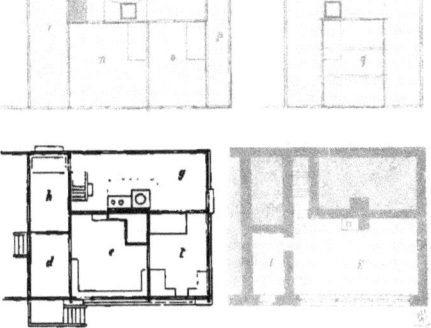

Fig. 15. Maassstab 1:200.

zur Erhellung der Flur. Das Wohnzimmer hat 4 gekuppelte Fenster, einen grossen Kachelofen, eine Thüre zum Schlafzimmer *f* und eine andere zur Küche *g*.

In dem kleinen Schlafzimmer stehen ausser dem breiten Bette neben der Küchenthüre, eine Hobel- und eine Dreh-Bank vor den 3 gekuppelten Fenstern und weisen auf eine Verbindung des Handwerks mit dem Ackerbau und der Weberei, welche die Bewohner betreiben. Die geräumige Küche gegen Norden hat ferner noch zwei Thüren, die Eine gegen Osten nach Aussen, die Andere nach dem Holzbehälter *h*, welcher einen Ausgang nach Norden und an seiner Decke eine Fallthüre zu der darüber liegenden Laube *i* des oberen Stockes hat, um Vorräthe von Holz etc. unterzuschaffen.

Auf diese Weise sind nur die gegen Südosten gerichteten Wohn- und Schlaf-Zimmer des Erdgeschosses von der directen Verbindung mit Aussen abgeschlossen, während alle übrigen Räume desselben eine freie Circulation mit den vier Aussenseiten und die Verbindung mit Scheuer und Stallung vermitteln.

Zu dem Kellerstock führt eine gemauerte Treppe von der Küche aus und darüber liegend eine einarmige Holztreppe zum oberen Stock.

Der Kellerstock enthält eine Webstube *k* von 3 niedrigen breiten fast die ganze Giebelfronte einnehmenden Fenstern beleuchtet und einen Raum *l* für Wintervorräthe, dessen Fenster unter der Treppe zur Hausthüre führt.

Der obere Stock enthält den Vorplatz *m* mit der Treppe zum Dachstock, den gerdunigen Schornsteinbusen und 3 Thüren zu den Schlafzimmern *n*, *o* und der Laube *p*, worin ein Abtritt, der sein Licht durch Oeffnungen in der Bretterbekleidung erhält. Jedes der Schlafzimmer *n*, *o* hat 2 Kuppelfenster und erhält im Winter nur so viel Wärme als der dünne Fussboden von den unteren erheizten Räumen abgiebt. Denn ausser dem genannten Stubenofen und dem Küchenheerd, sowie einem kleinen Heerd in der Webstube, welche ihren Rauch durch den einzigen Schornstein des Hauses abführen, sind keine Feuerungsanlagen vorhanden.

Der Dachstock enthält das von 4 Kuppelfenstern erhellte Zimmer *q*, zu dessen Seite die Räume unter der Dachschräge zur Aufbewahrung von Geräthen dienen.

Die Giebelseite des Hauses, Tafel 3., spiegelt die vordere Grundrisseintheilung sowohl durch die in den beiden Hauptgeschossen durchlaufenden Eck- und Wand-Ständer, als auch durch die verschiedenen Fenstergruppen auf ungezwungene natürliche Weise und wenn auch nicht in ganz strenger Symmetrie, so stellt doch die Regelmässigkeit des Dachgiebels das Gleichgewicht wieder her und erhöht die malerische Wirkung der hier allein aus dem Innern hervorgegangenen äusseren Erscheinung.

Die Holzfarbe des Hauses ist an den Wänden soweit die Rothtanne der Sonne ausgesetzt ist, dunkelbraunroth, sammetartig glänzend; bei den Untersichten des Dachvorsprungs wieder her und erhöht wie bei dem vortretenden Holzwerk des Giebels und bei den Dachschindeln, dagegen aschgrau, in der Sonne hellglänzend. Die kleinen in Blei gefassten Fensterscheiben spiegeln das Blau des Himmels und vermitteln den Gegensatz der beiden Naturfarben des Holzes. Es ist unzweifelhaft, dass diese kleinen Scheiben das Haus viel grösser erscheinen lassen als es wirklich ist, indem sich das leichtfassliche und dem Auge naheliegende Maass der Scheibchen periodisch an der ganzen Façade wiederholt.*)

Technische Baubeschreibung.

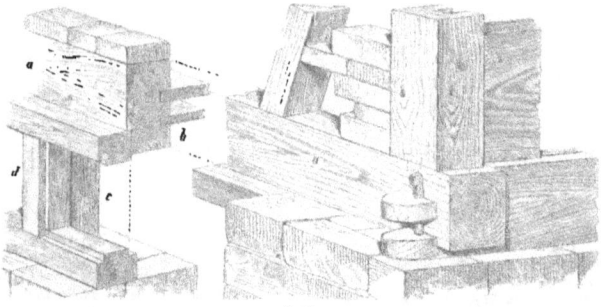

Fig. 16.

Mauern und Wände.

Die Kellermauern und Fundamente sind 0,31 m. dick von rauhen Bruchsteinen in Mörtel bis zum Auflager der Schwellen aufgeführt, und theilen mit diesen den Höhenunterschied, da die Schwellen der Giebelfronten 30 mm. höher als die der Seiten liegen. Am vorderen Giebel reicht die Mauer zwischen den Eckpfeilern des Hauses auf 5,9 m. Länge, nur bis zur Höhe des umliegenden Bodens wegen der Fensteranlage für die Webstube im Kellerstock.

Die Giebelschwelle *a* Fig. 16. ist auf diese Länge durch den Unterzug *b* und die Pfosten *c* gestützt. Die 10,5 cm. auf 13 cm. starken Hölzer *d* der Vorwand, woran die Fenster der Webstube von innen und deren Aufklappläden von Aussen in Falzen anschlagen, stellen sich zwischen die Eckpfeiler dicht vor den Unterzug *b* und die Pfosten *c*, damit die Klappläden beim Aufrichten nicht durch die oberhalb vorstehenden Läden des Erdgeschosses gehindert werden.

Die Brüstung der unteren Giebelfenster besteht nach Fig. 16. aus einer, mit Backstein ausgemauerten Riegelwand.

Die Schwellen greifen mit Ueberschneidungen mit langen nach Aussen vorstehenden und durch einen starken Holznagel gesicherten Zapfen nach Fig. 16. ineinander.

Das Holzgerippe der Umfangswände besteht aus den Schwellen, Pfetten und aus den in den Ecken und Knotenpunkten der Scheidewände durch 2 Stockwerke reichenden Pfosten, welche seitwärts durch die eingezapften Brust- und Sturz-Riegel der Fenster- und Deckhölzer der Thüre verspannt sind. Dazwischen reihen sich die durch die unten eingezapften Pfosten der Fenster und Thüren. Die oberen Zapfen derselben wurden beim Neubau um 2 cm. bis 4,5 cm. schwebend erhalten bis sie sich nach dem Eintrocknen der liegenden Zwischenhohlen fest ansetzen.

Zur Versteifung der so rechtwinklig sich kreuzenden Hölzer dienen kurze Büge, welche bei den oberen Ecken mit der äusseren Flucht der Wandhölzer bündig im Schwalbenschwanz überschnitten sind und nur die halbe Dicke derselben haben, um die eingenutheten Bohlen dahinter durchlaufen zu lassen. Diese kurzen Büge fehlen nur an der vorderen Giebelfronte, wo die Bohlen mit der äusseren Wandflucht bündig liegen. Die liegenden Bohlen, welche die Gefache der Wandgerippe ausfüllen und verspannen, sind sowohl unter sich als auch mit den Wandhölzern vernuthet wie Fig. 17. und die Construction des vorderen Giebels, Tafel 4. Fig. I., zeigen.

---

*) Siehe den Artikel „échelle" im dictionnaire raisonné von Viollet-le-duc.

Die Bauart der inneren Scheidewände entspricht ganz der der Umfangswände, nur dass die inneren Pfosten nicht durch zwei Stockwerke durchgehen. Die überall nach Innen um 3 cm. bis 4,5cm. vorstehenden Schwellen, Pfosten, Pfetten, Brust- und Sturzriegel der Wände ertheilen den nicht mit Getäfel bekleideten Zimmern durch die eigenthümliche Abfassung ihrer Kanten einen die wesentlichen Constructionstheile hervorhebenden Charakter.

Der vordere Dachgiebel stellt sich nach Fig. 17 um 5 cm. vor die untere Wandflucht, dagegen legen sich die Bohlen wieder bündig mit ihr. Die Dicke der Bohlen beträgt bei den unteren Wohnzimmern 12 cm., bei den Zimmern des oberen und des Dachstockes 7,5 cm., bei deren Scheidewänden 4,5 cm. und bei den äusseren Wänden der Küche 3,7 cm. Letztere geringe Wanddicke würde nicht hinreichend gegen die Kälte sein, wenn nicht nach Tafel 4 Fig. III. ausserhalb über die ganze Wand 2,4 cm. dicke stehende Bretter aufgenagelt und damit isolirte Luftschichten gebildet wären.

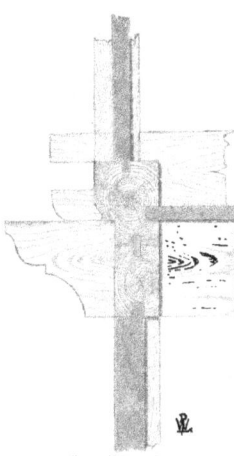

Fig. 17. Maasstab: 1 : 10.

Der übrige Theil des hinteren Giebels, die seitwärts übergebauten Lauben und der ganze Seitenbau mit Ausnahme der aus dickeren Bohlen construirten Stallwände, sind ohne Ausfüllung der Gefache nur mit stehenden 2,4 cm. dicken Brettern bekleidet und jedes Brett an Schwelle und Pfette mit zwei zierlich geschnitzten aussen vorstehenden viereckigen Holznägeln befestigt, davon wir später einige Muster zusammenstellen werden. Die Stockhöhen wie die Stärke der Wandhölzer fügen wir in der Note*) unten bei.

Böden und Decken.

Ueberfalzte, in Schwellen und Rahmenhölzer eingenuthete, 3,9 cm. bis 4,5 cm. starke Bohlen von 36 bis 54 cm. Breite bilden zugleich Gebälke, Fussböden und grösstentheils auch die Decken der Zimmer. Sie liegen in senkrechter Richtung gegen die Giebel und sind bei den vorderen Zimmern der beiden Stockwerke in ihrer Mitte nur durch einen schwachen Unterzug, von 12 auf 15 cm. (Tafel 4 Fig. L.) gestützt.

Die beiden Zimmer im Erdgeschoss an den Decken mit grösseren Füllungen in profilirten Rahmleisten unterhalb der Bohlen verschalt.

Unter den Dielen des Erdgeschosses liegt ein zweiter Bretterboden (Fig. 16.) und der Unterzug ist hier von zwei Holzpfosten in der Webstube gestützt. Der Boden dieser Stube im Kellerstock besteht aus Lehm und ist nur unter den Webstühlen mit Brettern belegt. Der Boden der Küche ist mit rauhen Steinplatten belegt.

Im Dachstock stützen zwei Kehlbalken die Bohlendecke des Zimmers und bei den übrigen Räumen bildet das Dach die Decke.

---

*) Die lichte Höhe der Stockwerke von Diele zu Diele beträgt:
im Kellerstock 1,89 m., im Erdgeschoss 2,01 m., im oberen Stock 2,06 m., im Dachzimmer 2,04 m.
Die Stärke der Wandhölzer aus Rothtannenholz beträgt:
I. Im Erdgeschoss: Vorderschwelle 21 auf 28,5 cm., Seitenschwellen 18 auf 31,5 cm., Eckpfosten 16,8 auf 30 cm., Mittelpfosten 16,8 auf 36 cm., Rahmholz oder Pfette 15 auf 18 cm., Brustriegel 15 auf 21 cm., Sturzriegel 15 auf 19 cm., Fenstereckpfosten 8 auf 19 cm., Bögen 7,5 auf 10,5 cm., 10,5 auf 19 cm., Hausthürpfosten 12 auf 18 cm., Bögen 7,5 auf 10,5 cm.
II. Im oberen Stock, wo die Schwelle durch den Sturzriegel des Erdgeschosses gebildet wird: Brustriegel und Sturzriegel wie unten. Fenstereckpfosten 7,5 auf 12 cm., die Mittleren 10,5 auf 12 cm.
III. Im Dachgiebel: Die profilirte Schwelle und die Pfosten 18 auf 21 cm., die Brustriegel 15 auf 18 cm., die Sturzriegel 12 auf 15 cm., die Fenstereckpfosten 9 auf 12 cm., die Mittleren 10,5 auf 12 cm.

Das Dachwerk.

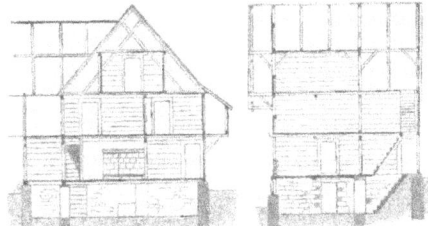

Fig. 18. Maasstab 1 : 200.

Wie aus dem Längen- und Querschnitt des Hauses (Fig. 18.) zu ersehen, stehen zwischen den beiden Giebelwänden nur ein Dachbinder und drei Leergespäre auf 1,35 bis 1,5 cm. Weite von Mitte zu Mitte. Die beiden Bundpfosten sind in die Pfetten eingezapft und übergreifen dieselben mit einem den Kehlbalken stützenden Backen. Die beiden mit den Sparren parallelen Streben greifen im Schwalbenschwanz über den Binder und bilden eine Reihe kurzer unverschieblicher Dreiecke. Die seitwärts an den Pfosten und Pfetten angeblatteten Büge bilden den Längenverband; die Aeussersten derselben sind profilirt und stützen die vorschiessenden Pfetten der Giebelauslagung. Die Aufschieblinge auf den Sparrenfüssen tragen die Eindeckung der übergebauten Lauben. Die profilirten Sparren der vorderen Giebelauslagung satteln sich mit kurzen Balkenstichen und Pföelchen im Dreiecksverband auf die vortretenden Pfettenköpfe, so dass kleine kreisrunde Hohlungen entstehen, worin die Bewohner zuweilen Holzkästchen für Vogelnester einschieben. Fig. 19. zeigt dieselbe Dreiecksverbindung eines Hauses von Mosnang, Kanton St. Gallen, aus derselben Zeit, wobei der Sparrenfuss über den Balkenstich vorschiesst.

Fig. 19.

Die Hirnseiten der vorstehenden Latten sind mit einem nach unten profilirten Ortbrette und dieses durch die vorstehenden Dachschindeln gestützt, dauerhafter als nach dem neueren Verfahren, wonach die über die Dachfläche vorragenden Ortbretter, an ihrer oberen Kante profilirt und durchbrochen, aber zum Schutze gegen die Witterung ausgesetzt sind. Am vorspringenden Giebeldache sind die Latten von unten mit Brettern bekleidet, welche zuweilen bemalt wurden. An die Stelle der hier unbemalten Brotter ist auf Tafel 4. Fig. I. das Ornament eines Hauses bei Zürich aus derselben Zeit übertragen; diese auf weissem Kalkanstrich mit dicken schwarzen Linien gezeichneten und grau schattirten Blätter und Blumen machen eine der Sgraffitomalerei ganz ähnliche Wirkung. Die Stärke der Hölzer des Dachwerks fügen wir in der Note**) unten bei.

**) Der Bundbalken 21 auf 24 cm., Bundpfosten 18 auf 21 cm., Sparren unten 18 auf 21 cm., oben 12 auf 15 cm., Kehlbalken 15 auf 18 cm., Pfetten 18 auf 24 cm., Streben 10,5 auf 12 cm., Büge 9 auf 12 cm., Aufschieblinge 13,5 auf 15 cm., Balkenstiche aussen am Giebelvorsprung 21 auf 15 cm., Pfösteben daselbst 9 auf 13,5 cm.

Die Eindeckung.

Die auf Tafel 4. Fig. IV. und V. dargestellte Schindeleindeckung des Daches ruht auf Latten von 4,5 *cm.* auf 9 *cm.* Stärke, welche 27 *cm.* von Mitte zu Mitte auf die Sparren genagelt sind. Die Schindeln sind von Rothtanne, einem Holze, welches besonders nach der Fällung in der Saftzeit leicht spaltbar ist, nach Fig. V. in horizontalen Schichten von der Rechten zur Linken und sodann von der Linken zur Rechten in stetem Wechsel mit fast $^2/_3$ ihrer Breite und $^3/_4$ ihrer Länge sich überdeckend aufgenagelt, so dass kein Nagel sichtbar wird und die mehrfache Lage derselben aufeinander möglichst sicheren Schutz gewährt. Eine solche Eindeckung wird der Regel nach alle 25 Jahre erneuert. Zur Erhaltung des ganzen oberen Stockwerks dient der Luftzug, welcher durch die gegenüberstehenden Oeffnungen unter den beiden Giebelspitzen (Tafel 3.) veranlasst wird.

Die hier verwendeten Schindeln sind 51 *cm.* lang, 12 bis 15 *cm.* breit und 3 bis 4,5 *mm.* dick.

Schornstein.

Der Schornstein ist nebst seinem weiten Busen mit stehenden Backsteinen aufgeführt und seine Ausmündung mit einem auf Pfostchen gesetzten Giebeldach von Plattziegeln obenher geschlossen.

Haus- und Zimmerthüren.

Die vordere Hausthüre (Fig. 20.) ist einflüglig von Tannenholz, im Lichten 1 *m.* auf 1,78 *m.* mit schräg aufgenagelten Leisten verdoppelt und von Innen mit zwei Einschubleisten für die Langbänder verstärkt. Die Zimmerthüren mit Futter, beiderseitiger Bekleidung und Schwellenbreit haben im Lichten 0,75 *m.* auf 1,65 *m.* und nach Fig. 21 zwei gestemmte Füllungen, welche wie die Rahmstücke nach Innen zu platt und nur nach Aussen profilirt sind. Sie haben deutsche Druckerschlösser ohne Deckbleche und zierliches Kreuzbandbeschläg. Die Schwellen treten 12 bis 15 *cm.* über den Boden vor.

Fig. 20. Maasstab: 1:8.   *Fig. 21. Maasstab: 1:20.*

Lamberien.

Die Brüstungen der unteren Wohnzimmer sind unter dem 10,5 *cm.* breiten Fensterbrett mit liegenden, die Wände mit stehenden Brettern und profilirten 9 *cm.* breiten Fugenleisten zwischen Fuss- und Kopf-Leisten, wie auch die Fensterpfosten im Innern bekleidet.

Die Fenster.

Die lichten Maasse der Fenster betragen: im Kellerstockwerk 63 *cm.* auf 186 *cm.*, im Erdgeschoss 78 *cm.* auf 102 *cm.*, im oberen Stock 67,5 *cm.* auf 99 *cm.*, im Dachzimmer 63 *cm.* auf 97,5 *cm.*

Die Fenster im Erdgeschoss sind wie die im Kellerstock Sprossenrahmen neueren Ursprungs und auf der Ansicht Tafel 3 nach dem Muster

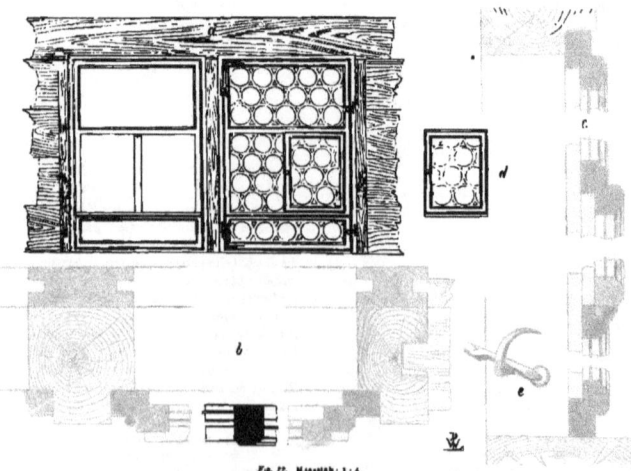

Fig. 22. Maasstab: 1:4.

der noch erhaltenen alten Fenster der oberen Stockwerke durch verbleite Scheiben ersetzt worden. Die Construction der Letzeren geht aus Fig. 22 hervor, wo die (annenen Doppelfenster des oberen Stocks dargestellt sind, nämlich a Ansicht, b Horizontalschnitt durch die Mitte, c Höhenschnitt, d der verschiebbare Flügel, e der Sperrhaken für den mittelst eines Seiles aufgezogenen Laden.

Ein solches Fenster ist vermöge seiner ausserordentlich geringen Holzstärken sehr leicht und besteht aus einem einzigen aufgehenden Flügel, der durch zwei ausgenuthete Querschenkel das Seitwärtsschieben des kleinen auf drei Seiten gefederten Flügels gestattet.

Bei den vier Fenstern des Dachzimmers wiederholt sich die ähnliche Construction, der ganze Flügel ist jedoch feststehend, seine Rahmen zu den in Blei gefassten Scheiben bilden zugleich die Futterrahmen und der von den beiden doppelt ausgenutheten Querschenkeln gebildete Theil besteht aus zwei grossen voreinander herlaufenden Schiebrahmen gleich d Fig. 22., so dass beliebig die rechte oder linke Hälfte geöffnet werden kann.

Die Läden.

Hier werden beim Schliessen die Läden mit Ausnahme der untersten Klappläden aufwärts geschoben.

Die ausgenutheten Bohlenständer vor den Eckpfosten sind auf Tafel 4. Fig. VI. in der Ansicht, Fig. VII. im Grundriss, Fig. VIII. im Profil und die vor den Mittelpfosten Fig. IX. im Grundriss dargestellt.

Jeder Ständer ist mit zwei starken eisernen Nägeln, deren Köpfe 39 mm. breit und vorzinnt sind, an den Fensterpfosten befestigt und oberhalb in eine durch drei profilirte Leisten gezierte Querbohle eingezapft. Unterhalb dient eine bündig untersetzene Bohle zur Querverspannung, in deren Mitte eine Zierleiste aufgenagelt ist. Wo aber, wie bei den Fenstern des oberen Stocks, eine geringere Constructionshöhe für die Läden disponibel war, fehlen die unteren Querbohlen, und die vorgenannten Zierleisten müssen dieselben ersetzen, Fig. I. rechts.

Die beweglichen Läden bestehen aus 2,1 cm. dicken Brettern, welche durch zwei Hirnleisten versteift sind. Die obere Hirnleiste ist mit einem seitwärts über die Ständer greifenden Deckbrett, Fig. VI. und VII., zur besseren Regulirung der Bewegung versehen, welche vorzugsweise von den Federn an den Enden der Hirnleisten geleitet wird. Unter jenem Deckbrett und ausserhalb auf den Ladenbrettern befinden sich aufgenagelte Zierleisten.

Endlich sind zierlich ausgeschnittene Bretter auf den Seiten der Ladenstielle der beiden Stockwerke eingenuthet, dagegen im Dachstock Fig. I. die in gleicher Weise ausgeschnittenen Bretter in senkrechter Richtung gegen die Wand stumpf neben die Ladenständer angestossen.

Das Haus der Gebrüder Schmidt
zu Büelisacker, Kanton Aargau.
(Tafel 5.)

Das Haus der Gebrüder Schmidt zu Büelisacker im Bünzthale ist nach der Inschrift über der Hausthüre (Fig. 23.) im Jahre 1609 durch den Zimmermeister Heinrich Vockh von Anglikon erbaut worden.

Fig. 23. Maasstab 1:15.

Es steht mit der westlichen Walmseite an der Strasse von Muri nach Lenzburg und mit der südlichen Langseite als Hauptfronte gegen den Hausgarten, von dem es durch einen gepflasterten Fussweg getrennt ist. Unter seinem mächtigen Dache, welches auf beiden Langseiten 3,54 m. vorspringt und die gepflasterten Zugänge schützt, birgt es die Wohnungen von vier Familien mit den zugehörigen Stallungen, Tennen und Speichern. Wie bei den meisten älteren Bauernhäusern des Kantons Aargau dient eine Langwand unter dem First des Daches mit als Stütze desselben. Das Dach gestattet durch seine Höhe die Aufspeicherung grosser Vorräthe für die Landwirthschaft und ist mit Stroh eingedeckt. Diese wegen Feuersgefahr jetzt verbotene Deckungsweise bietet indessen bei Oeconomiebauten entschiedene Vorzüge, da sie im Winter einen warmen, im Sommer einen kühlen Raum gewährt und besser als jede andere gegen Feuchtigkeit schützt. Sodann produzirt der Landmann das Material selbst und kann es auch leicht selbst verarbeiten.

Der Grundriss des Erdgeschosses (Fig. 24) zeigt nur die Hälfte des Hauses von 41 m. Länge und 14,16 m. Breite, die zwei Wohnungen, wobei die südliche geräumigere als Hauptwohnung zu betrachten und unverändert geblieben ist. Die Hausthüre a zu dieser Wohnung führt auf den Gang b, links zu dem Wohnzimmer c, Schlafzimmer d und Küche e, rechts zu dem Kuhstall f, der zwei weitere Thüren gegen Norden und Süden hat. Die Treppe g führt zu dem oberen Boden, welcher drei Schlafkammern über den unteren Räumen b, c, d enthält, und von da zu dem Knicstock, der als Speicher über jenen Kammern benutzt wird.

Alle übrigen Räume über dem nur 1,9 m. hohen Kuhstall wie über der mit einem Diebelgebälke versehenen Tenne h, sind weite Speicherräume ohne alle Zwischengebälke bis unter das Dach. Die Treppe i führt aus der Küche in den gewölbten Keller. Der Abtritt k über der Jauchengrube ist vorgebaut. Die Hofraithe umfasst ferner die Fahrwege von den Scheuertennen auf die Strasse, einen laufenden Brunnen, ein Bienenhaus, einen geräumigen Schweinstall und einen zwei Stock hohen Fruchtspeicher mit Kellerhaus, sämmtlich in Holz erbaut.

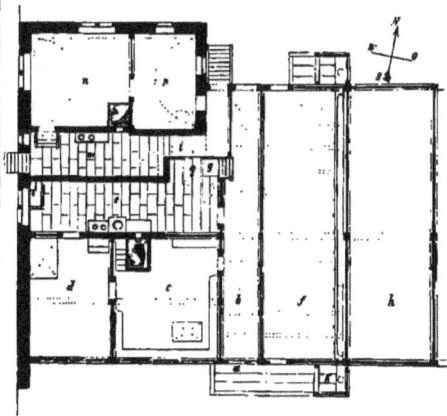

Fig. 24. Maasstab 1:200.

Zu der Wohnung auf der Nordseite, welche wegen des gewölbten Kellers etwas höher als Erstere liegt, führen zwei Hausthüren, die Eine zur Küche *m*, die Andere zum Hausgang *b*.

Das Wohnzimmer ist mit *n*, das Schlafzimmer mit *p* und die Treppe zum Kniestock mit *q* bezeichnet. Ein Theil des Kuhstalls *f*, der Tenne *h* und des Dachspeichers gehören zu dieser Wohnung ohne besondere Abscheidungswände.

Auf ähnliche Weise wiederholt sich in fast umgekehrter Ordnung die Einrichtung der beiden anderen in der Verlängerung des Hauses angrenzenden Wohnungen, so dass sich zunächst an die Tenne *h* der Kuhstall, dann die Tenne, der Hausgang und die Zimmer anschliessen. Dabei sind die Mauern durch Holzwände ersetzt; die Wohnungen tragen die Jahreszahl 1724, sind also neueren Ursprungs.

Die Umfangswände.

Die Westseite des Hauses wie auch die Zimmer der Nordseite sind durch eine 60 *cm*. dicke Bruchsteinmauer begrenzt. Dieselbe steht 135 *cm*. von der südlichen Hauptfronte zum Schutz gegen die Weststürme vor.

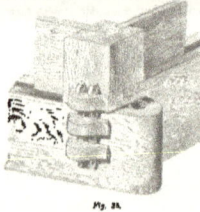

Im Uebrigen bestehen die Umfangs- und Scheidewände aus einem verstrebten Ständerwerk mit eingenutheten 6 *cm*. dicken Bohlen; wobei die Hauptpfosten durch die beiden Stockwerke und den Kniestock durchgreifen. Die eichenen Schwellen sind nach Fig. *25* an den Knotenpunkten mit Schlitzzapfen und Holznägeln verbunden. Sie haben eine ungewöhnliche Stärke von 48 bis 66 *cm*. Höhe und 30 bis 36 *cm*. Breite.

Die eichenen Fensterbrustriegel von 21 *cm*. und 45 *cm*. Stärke sind nach Tafel 2. Fig. III. und IV. in althergebrachter Weise verziert. Die Enden dieser Riegel greifen wie der Thürsturz (Fig. *23*.) profilirt über die Ständer, wodurch die Fugen ihrer Zapfen verdeckt werden. Alles übrige Holzwerk mit Ausnahme der Ständer an der Tenne ist von Tannenholz.

Die nach Fig. *26*, sehr scharf gefugten, schwalbenschwanzartig überblatteten Holzverbindungen sind mit vierkantigen 3 *cm*. starken Nägeln aus trockenem harten Holze, mit achteckig sauber geschnitzten Köpfen vorstehend befestigt.

Dachconstruction.

Wenn die durch die Eindeckung belasteten Sparren eines Daches an ihren Enden durch den Spannbalken gebunden sind. und mit demselben ein unverschiebliches Dreieck bilden, so kann nur ein senkrechter Druck auf die Umfangswände stattfinden. Wird aber der Spannbalken durchschnitten, so wirkt der aus der Zerlegung der Dachlasten entstehende Horizontalschub auf den Umsturz der Wände nach Aussen und bei der charnierartigen Verbindung der Sparren wird mit jener Bewegung zugleich eine Senkung der Firstlinie verbunden sein. Verlegen wir dagegen die stützenden Wände von dem Schwerpunkte des Daches nach Innen zu, so wird umgekehrt ein Weichen der Wände nach Innen und eine Hebung der Firstlinie eintreten. Soll daher. wenn die Horizontalspannung am Fuss der Gespärre aufgehoben ist, die Bewegung der Stützwände nach Aussen wie nach Innen vermindert werden, so müssen dieselben unter die Schwerlinie der Dachflächen gestellt und ihre Stabilität durch gegenseitige Versteifung gesichert werden.

Hierauf beruht die Dachconstruction von den Blockhäusern der Schweiz, sowohl der flachen mit Steinen belasteten (Fig. *27*.) als auch der hohen nur mit Schindeln gedeckten Dächer. Die Sparren liegen auf den obersten Blockbalken der Langwände ohne irgend eine horizontale Verspannung unter sich; die Giebelwände aber und die inneren Querwände stellen jene Versteifung der stützenden Langwände aufs vollkommenste her.

Fig. 27. Maasstab 1:150.

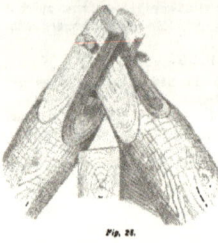

Fig. 28.

Bei den Aargauer Strohdächern hingegen ist die Firstpfette durch eine festverstrebte Langwand gestützt und damit der Eingangs erwähnten Senkung der Dachfirste begegnet. Bei den Umfangswänden findet also kein Schub nach Aussen sondern ein Druck nach Innen statt, dem durch eine Verstrebung mittelst der Querwände (Tafel 5. Fig. I. und II.) begegnet ist. Die Sparren dieser Dächer sind unbeschlagen, rund, an ihrem 30 *cm*. dicken Stammende über der Firstpfette nach Fig. *28*. scharnierartig verbunden, da am dicken Ende das Scharnier besser gegen das Ausreissen geschützt ist; am 15 *cm*. dicken Fussende ruhen sie ohne weitere Verbindung auf den durch die vorstehenden Bundbalken getragenen und weiterhin auf den durch Streben gestützten Pfetten. (Tafel 5. Fig. I. und II)

Fig. 29. Maasstab 1:150.

Fig. *29*. stellt das halbe Haus von der Südseite dar, so dass die Langwand unter der Firstpfette hinter der Vorderwand des Hauses sichtbar wird. Die Langwand, welche eine wesentliche Stütze des Gespärre und zugleich die Scheidewand der Wohnzimmer und der übrigen Hausräumlichkeiten bildet, besteht:

1) aus der starken eichenen Grundschwelle des Erdgeschosses;
2) aus den durch das ganze Gebäude bis unter die Dachfirste reichenden Hauptbundpfosten, deren Entfernung von 2,1 *m*. bis 5,9 *m*. der Stellung der inneren Querwände entspricht und deren untere Stärke von 45—51 *cm*. Breite und 30—36 *cm*. Dicke sich nach der Natur des 15 *m*. hohen Baumstammes gegen oben verjüngt. In diese sog. Hochstüden ist alle 90 *cm*. ein 15 *cm*. vorstehender starker Holznagel als Leitersprossen eingelassen.

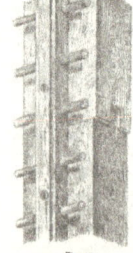

Fig. 30.

Zuweilen (wenn durch Reparaturen veranlasst) besteht der Pfosten aus einem kurzen Stück von Eichenholz und einem längeren von Tannenholz, deren Stossfuge durch einen angenagelten Leiterbaum nach Fig. *30*. verstärkt ist.

3.) Aus der Firstpfette oder dem sogenannten Firstbaum.
4.) Aus dem 135 cm. tiefer liegenden sogenannten Katzenbaum, welcher mit den Pfosten überschnitten ist.
An diesen werden Rollen zum Aufziehen der Lasten angehängt, die Rollen bestehen nach Fig. 31 mit Ausnahme der eisernen Achsen aus Holz.

Fig. 31.

5.) Aus den drei unteren Pfetten der beiden Stockwerke und des Kniestockes, welche auch mit den Bundpfosten überschnitten und wie diese für die Bohlen der Scheidewände ausgenuthet sind.
6.) Aus einer Reihe von Windstreben, welche halb und halb an ihren Knotenpunkten überschnitten, mit den Pfosten, und den beiden oberen horizontalen Hölzern eine Reihe fester Dreiecke bilden und die hohe Wand gegen ein Verschieben nach der Länge vollständig sichern. Augenscheinlich sind die grössten Streben gegen die Westseite gerichtet.

Wenn bei hohen Giebeldächern ein kräftiger Längenverband wesentlich ist, so entspricht hiernach diese Wand dem Zwecke so vollständig, dass in den Dachflächen selbst keine weitere Verstrebung als die durch die Latten gebildete nöthig wurde.

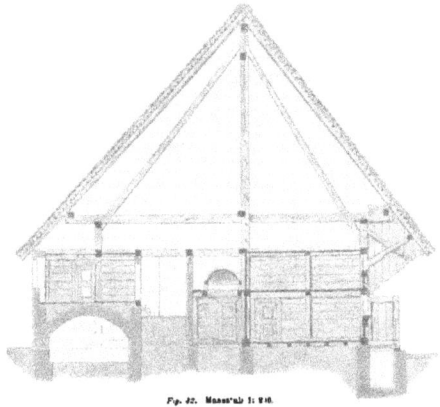

Fig. 32. Maasstab 1: 210.

Die seitliche Ausbiegung der so construirten Langwand wird durch die im Querschnitt Fig. 32 ersichtlichen beiden Streben den sog. Sperrraffen von 15 auf 21 cm. Stärke verhindert und deren lothrechter Stand gesichert. Dieselben wiederholen sich bei jedem Bundpfosten und bilden das einzige unterscheidende Merkmal der Construction der Bund- und Lehr-Gespärre.

Fig. 33. Maasstab 1:75.

Die Sparren oder sog. Raffen liegen 90 bis 150 cm. auseinander und tragen sich von der Firstpfette an auf 12 cm. frei. Die Dachröschen sind ungleich, da die das Dach stützende Scheidewand nicht in der Mittellinie des Hauses liegt.

Vor die Tennen und Stallungen bauen sich die sog. Vorbrücken, verschalte und als Speicher benutzte Räume unter dem vorspringenden Dache, wobei die äusserste Pfette nach Fig. 33. auf alle 1,5 cm. durch eine mit Holzkeilen befestigte Zange beigehalten wird.

Die Eindeckung des Daches.

Die 20 bis 30 cm. dicke Strohdecke ruht auf Latten von 3 cm. Dicke und 9 cm. Breite, welche alle 30 bis 36 cm. von Mitte zu Mitte entfernt, mit Holznägeln auf den Sparren befestigt sind. Mit jeder Latte correspondirt eine etwa fingerdicke Dachruthe, welche auf alle 30 cm. mit Bandweiden an die Latten gebunden sind und das 2 bis 2,4 cm. lange Stroh beihalten. An der First ist das Stroh um die Spitze des Daches herumgebogen und durch mehrere Reihen krumm gebogener Gerten auf alle 30 cm. Weite übersteckt.

Fussböden und Decken.

Der Boden des Wohn- und Schlafzimmers ist mit starken überfalzten Dielen belegt; ebenso der des 18 cm. tiefer liegenden Hausgangs. Die Deckenconstruction über diesen Räumen zeigt Fig. 34., wo zwischen

Fig. 34.

6,6 cm. dicken ausgenutheten Bohlen abwechselnd 3,3 cm. dicke eingeschoben sind. Eine dieser Bohlen steht keilartig vor der vorderen Hausflucht aus dem Fenstersturzriegel vor, um beim Eintrocknen der Dielen deren Fugen schliessen zu können. Nur ein Unterzug von 22,5 cm. Breite und 18 cm. Höhe stützt die Bohlendecke in ihrer Mitte. Der Küchenboden ist mit grossen Sandsteinplatten belegt, derjenige der Dreschtenne mit Lehmschlag versehen und der Stall gepflastert.

Die Feuerungsanlagen.

Der weite Kachelofen im Wohnzimmer wird von der Küche aus geheizt. Ueber demselben befindet sich in der Decke eine Fallthüre, die zur Erwärmung der oberen Räume geöffnet wird. Den Zutritt zu dieser Thüre bilden einige gemauerte Stufen zwischen dem Ofen und der Scheidewand. Der jetzige Rauchfang über dem Küchenheerd wie der von Ziegelsteinen erbaute Schornstein sind neu angelegt. Der alte Rauchfang ist in Fig. 32. angedeutet. Fig. 35. zeigt den Quer- und Längenschnitt eines grösseren Rauchfanges dieser Art aus den benachbarten Wald-

Fig. 35. Maasstab 1 : 100.

häusern. Ein korbartiges Flechtwerk von Ruthen und Reisig ist 18 bis 21 cm. dick mit einer Masse von Lehm und Heckerling überzogen und über einer entsprechenden Oeffnung in der Küchendecke auf kurze Pföstchen aufgesetzt, so dass der Rauch zwischen diesen Pfästchen in den Dachraum und durch kleine Dachlucken ins Freie ziehen kann.

Diese Letzteren sind nach Fig. 36. construirt. An eine zwischen zwei Latten eingezwängte Gerte ist eine Andere krumm gebogene mit Bindweiden befestigt und darüber das Stroh verbreitet.

An den Thüren der Scheuern und Stallungen finden sich Beschläge von Holz, deren wir Einige in Fig. 38. geben:

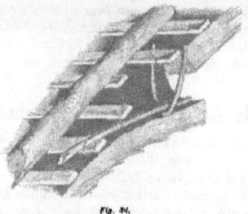

Fig. 36.

Haus- und Zimmerthüren.

Diese sind von starken tannenen Dielen verdoppelt, mit aufgenagelten Leisten zwei Füllungen bildend und mit Einschubleisten versehen. Die durchlaufenden eichenen Schwellen sind bei allen Thüren

Fig. 38.

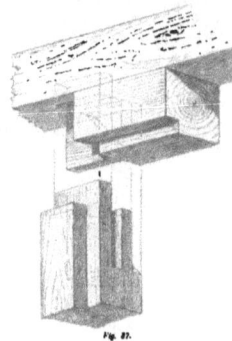

Fig. 37.

ausgeschnitten. Die Thürpfosten sind, wie auch die Bohlen der Wände mit Ausnahme der inneren Fensterbrüstung nicht bekleidet, und die Stossfuge der Pfosten und Riegel unter der Pfette nach Fig. 37. über Gehrung geschnitten.

a) Einfacher Drucker mit Falle ohne Schliesse,
b) desgleichen mit Schliessfalle.
c) Riegel, der in den Pfosten greift.
d) Oberer Riegel an einem Thor.

Fenster und Läden.

Der obere breite Schalter der Fenster geht seitwärts auf. Darunter sind zwei hohe Flügel, davon der Rechte feststeht, der Linke sich vor demselben in einer Nuth der Futterrahme herschieben lässt. Vorfenster werden im Winter hinter die Läden an eine angenagelte Leiste eingesetzt.

Die Ladeneinrichtung ist wie die im Kanton Zürich mit abwärts fallenden Läden in den Nuthen der durchlaufenden Ständer. Die Malerei der Läden nach Fig. 39. giebt besonders an denjenigen Häusern ein reiches Bild, wo sich viele Fenster in einer Reihe neben einander befinden.

Fig. 39. Maasstab 1 : 30.

Haus des Friedensrichters Huber in Meiringen,
Kanton Bern.

(Tafel 6 und 7.)

Dieses im Jahr 1785 erbaute Haus zeigt den damaligen Blockbau des Berner Oberlandes in sehr einfacher und schöner Weise. Der Grundriss Taf. 6 Fig. IV. ist ein genaues Quadrat und steht unter einem Winkel von 67° gegen die Mittagslinie. Der Eingang mit abgeschlossenem Vorplatz unter der Seitenlaube führt durch die Küche zu der Wohnstube und den Kammern und die in der Küche liegende Treppe, im oberen Stock, zwischen dem Schornstein und der mittleren Querwand, zu einem schmalen Gange, welcher den Zutritt zu zwei gleich breiten Zimmern am Giebel und zu der hinteren Kammer gestattet. Der ganz niedere Raum unterm Dach wird wenig benutzt und nur mit einer Leiter besteigen. Der steinerne Unterbau ist auf der hinteren Hälfte des Hauses ausgefüllt, die vordere Hälfte dient als Keller. Am hinteren Giebel ist ein Holzschoppen angebaut, in dem der Abort liegt.

Technische Baubeschreibung.

Die Blockwände bestehen aus vierkantig beschlagenen, abgehobelten Balken der Rothtanne, welche horizontal auf einander gelegt und unter sich auf alle 1,5 m. durch einen 15 cm. langen, 3 cm. starken Nagel aus hartem Holze so verbunden sind, dass stets der obere Nagel mitten zwischen die beiden Unteren fällt.

Das Oberlager ist um Weniges in der Mitte ausgehöhlt und mit trockenem Waldmoos zum dichteren Verschluss der Fugen ausgefüllt. Die Balken werden meist aus dem Kern des Stammes behauen und ihre Breite richtet sich nach der angenommenen Wanddicke von 10,5 bis 13,5 cm., ihre Höhe aber nach dem Wuchs des Baumes, durchschnittlich 20 cm.*)

Hiernach kommen dieselben hochkantig zu liegen, was ihrer Verbindung bei allen Kreuzungspunkten der Wände vortheilhaft ist, indem sie durch die daselbst nothwendigen Ueberschneidungen nach Taf. 7 Figur III. die Hälfte ihrer Stärke verlieren. Ihre Köpfe treten zur Verstärkung dieser Punkte um 15—18 cm. vor und sind der Zierde wegen an den Balken so ausgekerbt, dass von vornen Halbkreise, von der Seite aber parabolische Linien entstehen. Jener sogen. Vorstoss ist lang genug, um das Abscheeren zu verhindern und ausserdem ist die Verbindung gegen Drehung durch 1,5 cm. tiefe seitliche Versatzung gesichert. Auf die Festigkeit dieser Kreuzungspunkte beruht die Unverschieblichkeit eines von vier Blockwänden eingeschlossenen Raumes, so lange seine Höhe die übliche Stockhöhe von 2,25 m. nicht überschreitet, und seine Länge das Maximum einer Zimmerlänge von 6 m. nicht überschreitet. Jede weitere Versteifung wie bei den vorhergegangenen Constructionen würde hier überflüssig sein. Dadurch dass bei allen Kreuzungspunkten die Fugen der einen Wand nahezu oder gerade auf die Mitte der Balken der Anderen fallen müssen, kommen bei den meisten Blockhäusern die Grundschwellen, Fensterbänke und Stürze am Giebel einige Zoll tiefer als an den Seitenwänden zu liegen.

Demgemäss sind dann die Untermauern seitwärts auch etwas höher als am Giebel. Die Grundschwellen, Fensterbänke, obersten Wandbalken und Dachpfetten sind 3—6 cm. dicker nach aussen als die übrigen Blockbalken. Die Wand des oberen Stockes tritt am Giebel über dem Dielenträger um 9 cm. und ebenso die folgende Wand um 3,7 cm. vor. Diese Vorsprünge der Stockwerke am Giebel sind als einfache und doppelte Bogenfriese behandelt.

Dagegen liegen die Balken der beiden Seitenwände nach Aussen durchaus in gleicher Flucht.

Die bei der Blockwand durchs Eintrocknen des Holzes unvermeidlichen Senkungen gehen ganz gleichförmig vor sich, ohne die Verbindungen im Einzelnen zu alteriren, da alle Thür- und Fenster-Pfosten vermittelst der oberen schwebenden Zapfen nach Fig. VI Taf. 7 die Bewegung mitmachen. Meist schon nach dem ersten Jahr der Erbauung lässt diese Senkung eines Blockhauses nach. Man rechnet bei jenen schwebenden Zapfen auf 2—3 Procent Senkung des Holzwerks und versteckt bei den Thüren die offene Fuge durch Anwendung des Blattzapfens.*)

Fussböden und Decken.

Die Bohlen der unteren Decke sind 5,2 cm., die der oberen 4,8 cm. stark, unter sich vernuthet und ringsum in die verstärkten Blockbalken eingenuthet, seitwärts verspannt durch eine Keildiele in jedem Zimmer, die aussen am Giebel vorstehend, eingetrieben werden konnte.

Sodann ist die untere Decke durch einen Unterzug Taf. 6 Fig. VI, gestützt, welcher beiderseits verlängert zugleich die Bohlen der Lauben trägt. Der untere Boden ist durch einen zweiten Unterzug gestützt.

Das Dachwerk.

Das Dach hat nahezu den fünften Theil der Spannweite zur Höhe. Die Sparren sind bündig überschnitten, mit einem Holznagel verbunden und liegen stumpf auf den Pfetten auf, mitunter auch durch einen Holznagel von unten beigehalten. Die drei oberen Pfetten sind durch die Giebelwände und noch durch einen kleinen Pfosten auf der mittleren Querwand, ihre Auslandung am Giebel aber durch je zwei Consolen gestützt, welche nach Innen kürzer abgeschnitten, zugleich diese Giebelwand in kurzen Distanzen fest abbinden. Die Consolen sind aussen durch grössere Curven in je einen einzigen profilirten Träger verwandelt, dessen Kanten abgefast und schwarz bemalt sind. Dadurch werden die Linien des Profils noch auf grössere Entfernung kenntlich.

Die Eindeckung des Daches.

Auf den Sparren liegen 30 cm. breite Bretter 30 cm. weit auseinander und tragen die Schindeln. Nur nach Aussen liegen die Bretter dicht aneinander.

Die 60 cm. langen, 15—18 mm. breiten, 3 cm. dicken Schindeln liegen vier- bis fünffach schichtenweise mit überbindenden Fugen aufeinander. Sie sind von schweren, möglichst platten Feldsteinen in 1,5—1,8 m. von einander entfernten Reihen in der Art belastet, dass da wo die Stürme am stärksten angreifen, nahe am Fuss, an der First und an den Ortlinien, die grössten Steine liegen. Das Herabgleiten dieser Steinreihen ist durch unterhalb liegende 15 cm. starke, mit Holznägeln befestigte Halbhölzer verhindert. Letztere treten an den Giebeln vor, um einen Holzkeil zum Beihalten der Ortsschindeln nach Taf. 7 Fig. II. in sich aufzunehmen.

Die Seitenlauben.

Die Construction der äusseren mit Brettern verschaalten Laubenwände ist mit der einer Riegelwand zu vergleichen, deren Schwelle auf den vorstehenden Blockbalken der Haupt- und Scheidewände wie

---
*) Dem Wuchse nach sind die Balken meist am Wurzelende etwas höher als am Zopfende beschlagen und liegen deshalb abwechselnd mit diesen Enden aufeinander. Die Zapfen können tiefer nicht immer genau horizontal sein und die Ornamente, welche von den Fugen durchschnitten werden, mussten schwer aufeinander passend zu bearbeiten sein. Wir erkennen aber an diesen Stellen wie hier in Fig. IV. Taf. 7 an der ununterbrochenen Curve des Bogenfrieses, wie uns das vor dem Balkenfuge durchschnitten wird, die grösste Genauigkeit der Arbeit, woraus wir schliessen, dass die Ausschnitte aller Ornamente erst nach dem Aufhängen geschiecht, wurde das Haus provisorisch auf dem Zimmerplatze aufgeschlagen, die Zeichnung der Details aufgerissen, sodann abgebrochen und die einzelnen Balken nach der Zeichnung ausgearbeitet.

*) Bei diesem Hause sind die Umfangswände 12 cm. dick, die der Scheidewände 10,4 cm. und die Vorstösse 18 cm.

auf dem vorbemerkten Unterzug ruht und deren Rahmholz zugleich die Fusspfette des Daches bildet. Unter diesem Gesichtspunkt ersetzen die äussersten profilirten Büge unter der vorspringenden Pfette, die bei der Riegelwand nöthigen Streben. Ueber jedem jener Träger steht ein Pfosten auf der Schwelle eingezapft und alle Pfosten sind durch den durchlaufenden Brustriegel verbunden.

Die Thüren, Fenster und Laden.

Die Hausthüre besteht aus 6 *cm*. dicken Bohlen mit eingeschobenen Leisten. Die Zimmerthüren sind einfach gestemmt. Die jetzt fehlenden Laden zu den zweiflüglichen Fenstern in Sprossenrahmen waren früher nach Berner Oberlandsitte als Klappläden oben um Charniere drehbar in die Höhe zu heben und mit einer Spreitzstange von der Fensterbank aus offen zu halten. Die Wände des Wohn- und Schlafzimmers sind im Innern einfach getäfelt.

Der Schornstein.

Die Construction des pyramidalischen Schornsteins aus vernutheten Bohlen, davon die Untersten in sehr starke im Blockverband doppelt aufeinander liegende Schwellen eingesetzt sind, geht aus Taf. 6 Fig. V. hervor. Ueber Dach sind diese Bohlen ausserhalb überschindelt und mit zwei schiefliegenden gleichfalls überschindelten Bohlen bedeckt, welche mittelst leichter Ketten und Drahtzüge, um Charniere drehbar, beliebig geöffnet und geschlossen werden. Sind diese Klappen geöffnet, so bildet der weite zum Räuchern des Fleisches benutzte Schornstein ein Oberlicht für die Küche.

Der Riegel- und Ständerbau.

Der Meierhof in Höng,
Kanton Zürich. Tafel 8.

Der freundliche Eindruck dieses, gegen Ende des vorigen Jahrhunderts erbauten Hauses, sowie auch der auf Taf. 9 dargestellten Häuser, beruht auf dem schmucken Aussehen, welches durch den Gegensatz des roth angestrichenen Holzwerks und der grünen Fensterladen mit den roth und weiss gesprenkelten Mauerflächen bedingt wird. Dieses Sprenkeln entsteht dadurch, dass in den weissen Mörtel der breiten Fugen, oder in den Verputz, kleine rothe Steinstückchen sorgfältig eingekeilt werden.

Die Mauern sind aus demselben rothen Stein ausgeführt, der als Findling unter dem Namen „rother Ackerstein" bekannt ist, und in der Gegend des Wallensees und im Sernft-Thale, Kanton Glarus als Sernftgestein ansteht.

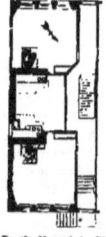

Fig. 40. Maassstab 1 : 300.

Fig. 41.

Fig. 40. zeigt den Grundriss des Hauses. An den Hausgang schliessen sich Scheuer und Stallung mit dem eingebauten Abort. Der mit Balkendecke versehene Keller liegt drei Stufen unter dem Terrain. Ausser der Treppe vor der Hausthüre führen noch sechs Stufen im Hausgang auf das untere Geschoss. Die Küche in der Mitte, eine vordere und eine hintere Wohnstube bilden die ganze Eintheilung. Oben entspricht der Küche ein Vorplatz, von wo nach beiden Seiten zwei Zimmer zugänglich sind. Fig. 41. zeigt die Anordnung des Dachstuhls. Zwischen den vier liegenden Stühlen und den beiden Giebeln überschneidet sich die mittlere Pfette mit den Andreaskreuzen auf Halbholz, wodurch die Längenverstrebung und die Stütze des Lehrgespärre gebildet wird.

Haus zu Schirmensee bei Rapperschwyl,
Kanton Zürich. Tafel 8.

Dieses nahe am Zürcher See gelegene Haus ist nach der Inschrift über der Hausthüre im Jahr 1673 erbaut. Der hohe steinerne Unterbau unter den Riegelwänden mit der malerischen Treppenanlage ist durch zwei übereinander liegende Keller bedingt. Zu dem unteren hohen Keller, dessen Gewölbe sich auf die Umfangsmauern des Hauses und auf eine Säule in der Mitte stützen, führt die Thüre unter der Vortreppe, zu dem oberen nur 1,5 *m*. hohen Balkenkeller aber ein

Seitenthüre. Die Einrichtung der Fensterladen ist wie bei der Manneherger Mühle. Die obersten fünf Fenster im Giebel sind durch feine Holzgitter geschlossen, um den Dachraum als Trockenboden zu benutzen.

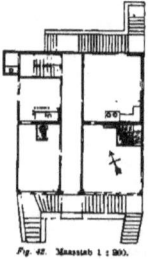

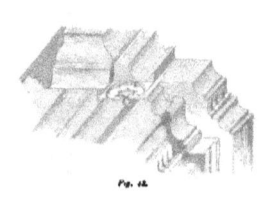

Fig. 42.

Fig. 42. Maassstab 1 : 200.

Fig. 43. giebt den Grundriss; der Hausgang trennt zwei Wohnungen.

Das grössere Wohnzimmer gegen Süden hat eine casellirte reich profilirte Holzdecke, deren Wandgesimse Fig. 43. zeigt. Das Dach ruht zwischen den Giebeln auf drei liegenden Stuhlbindern.

Haus Nägeli in Fluntern,
Kanton Zürich. Tafel 9.

Dieses in Fluntern, einer Aussengemeinde Zürichs im Jahr 1726 erbaute Wohnhaus ist im Wesentlichen ein Steinbau. Nur das nach allen Seiten weit überstehende Dach zeigt die bei den Fachwerkhäusern übliche Anordnung und trägt hier in Verbindung mit dem Fachwerk des oberen Geschosses an den Traufseiten und der offenen Gallerie, sehr zu dem malerischen Charakter des Hauses bei.

Die Anordnung des Grundrisses zeigt Fig. 44. Das Wohnzimmer in der südlichen Ecke ist mit nussbäumenem Getäfel versehen und zierlich profilirte Leisten theilen die Decke in fünf Felder, davon das mittelste achteckige das in Oel gemalte Familienwappen trägt. Unter den in der sonnigen Ecke zusammengedrängten Fenstern und in den Nischen Sitzbänke angebracht, die zugleich als verschliessbare Kasten dienen. Die im oberen Geschoss nach Aussen gegen die Hofseite vortretende Gallerie ruht auf durchgehenden Geschossbalken und endigt hinten in einen durch beide Geschosse gehenden Bretterverschlag, den Abort enthält. Das Dach ruht zwischen den beiden Giebelmauern auf einem liegenden Stuhlbinder. Der in der Abbildung sichtbare Schornstein zeigt unter seinem Hut eine Reihe consolartig vorstehender Backsteine, welche früher den äusseren Mantel von gestellten Dachziegeln trugen.

Fig. 44. Maassstab 1 : 200.

Das Haus Hüni in Horgen,

Kanton Zürich. Tafel 9,

ist im Jahre 1735 erbaut und repräsentirt eins der Fachwerkgebäude jener Zeit, welche sich in den längs des Zürichersee's liegenden Ortschaften in ziemlich ähnlicher Weise wiederholen. Der hintere nach der Wetterseite gerichtete Giebel ist ganz von Sernifgestein erbaut. Der vordere Giebel, Tafel 9, zeigt oben das in schrägen Richtungen durchlaufende, mit halben Ueberschneidungen vielfach gebundene Holzwerk. Das vom See aus ansteigende Terrain begünstigte an vielen Orten, wie hier, die Anlage grosser gewölbter Keller, deren Thüren in der Giebelmauer liegen. Seitwärts führt eine steinerne von dem weit vorstehenden Dach geschützte Treppe zu der höher liegenden Hausthüre. Jedes der drei Stockwerke von gleicher innerer Einrichtung im Grundriss des zweiten Stockes, Fig. 45., ist für je eine Haushaltung bestimmt. In der Scheidewand des südlichen Wohnzimmers und des Schlafzimmers, Fig. 45., zeigt sich eine Zimmerthüre und eine zweiflüglichte Schrankthüre. Letztere aber führt direkt zu dem dahinter stehenden Bette, theils um mehr Wärme und frische Luft in das Schlafzimmer gelangen, theils die im Bette liegende Person nach Belieben an Allem Theil nehmen zu lassen, was im Wohnzimmer vorgeht.

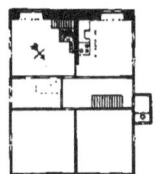

Fig. 45. Maasstab 1 : 600.

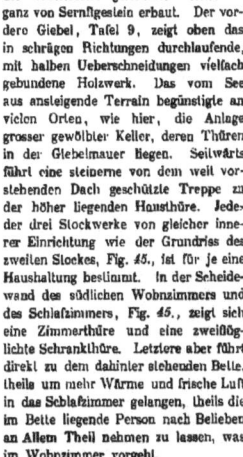

Fig. 46. Maasstab 1 : 300.

Die unter dem ganzen Hause durchziehenden sechs Kreuzgewölbe des Kellers von Bruchsteinen sind durch zwei Pfeiler von 0,5 m. Dicke gestützt. Der Querschnitt des Hauses, Fig. 46., zeigt diesen Keller wie auch den liegenden spitzwinkligen Dachstuhl und die durchgehenden Balkenanlagen.

Haus Lang in Wytikon und das Haus am Rank in Enge,

Kanton Zürich. Tafel 10.

Diese beiden Häuser charakterisiren den vor dreihundert Jahren in der Umgebung Zürichs üblichen Holzbau.

Der Giebel nach der Wetterseite ist ganz gemauert. Die übrigen Umfangs- und Scheidewände haben da, wo sie einbinden, ausgenutheten durch zwei Stockwerke gehende Ständer, in welche die auch unter sich vernutheten Bohlen horizontal eingeschoben sind. Bei den Scheidewänden ist zwischen jeder Bohle ein ausgenutheter Riegel eingesetzt. Die Ständer bilden mit den Schwellen und Rahmhölzern sowie mit den verstärkten Fensterbänken und Fenstersturzriegeln Rechtecke, welche durch Büge in den Ecken versteift sind. Die Büge liegen aussen von den eingeschobenen Bohlen. Die an den Traufseiten weit vorragenden Aufschieblinge des Daches sind durch eine von schrägen Pfosten und Bögen getragene Pfette unterstützt. Alle diese Büge geben dem Bau durch ihre sorgfältig ausgearbeiteten Schwalbenschwanzformen und vorstehenden Holznägel ein sehr zierliches Ansehen. Das Ziegeldach mit dem stumpfen Firstwinkel hat überdies hier nur einen stehenden Stuhlbinder, dessen Pfosten mit durchgreifenden Bügen in Schwalbenschwanzformen überbunden sind.

Ein grosser Dachstuhl dieser Art, von 17 m. Spannweite hat sich aus dem Jahr 1553 im Tobelhofe, Gemeinde Neumünster bei Zürich erhalten.

Fig. 47. Maasstab 1 : 200.

Fig. 47. zeigt diesen sehr sorgfältig ausgeführten Dachverband im Querschnitt, so wie den Verband einer Längenwand. Bei dieser Wand ist der mittlere Riegel in die durchgehenden Bundpfosten eingezapft, während bei dem Dachstuhl Tafel 10 statt dieses Riegels nur eine kurze Bohle durch den Pfosten und die beiden Büge durchgesteckt und mit Holznägeln befestigt ist.

Die Decken der unteren Wohnzimmer bestehen aus genutheten Bohlen, welche durch einen Unterzug in ihrer Mitte gestützt sind. Die Bohlen der oberen Decken sind einzeln in ausgenuthete Rippenhölzer geschoben.

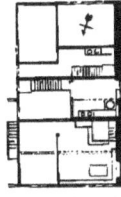

Fig. 48. Maasstab 1 : 300.

Fig. 49. Maasstab 1 : 300.

Das Haus am Rank in Enge, einer Aussengemeinde Zürichs, ist im Jahr 1565 erbaut. Fig. 48. giebt den Grundriss, Fig. 49. den Querschnitt und auf Taf. 10 (Lang) ist die innere Perspective des Binders gegeben.

Fig. 50. Maasstab 1 : 150.   Fig. 51.

Fig. 50. zeigt mit Weglassung des Daches die Nordseite des Hauses, dessen obere Fenster mit Klappläden geschlossen sind, woran alles Eisenbeschlag nach Fig. 51. vermieden ist.

Die Fensterbänke ragen vorne, wie auch auf Taf. 10 (Lang) mit 6 cm dicken Lappen über die Pfosten.

Taf. 10. stellt die nördliche Langwand des oberen Geschosses vom Lang'schen Hause in Wytikon bei Zürich dar, welches im Jahr 1576 in ähnlicher Weise erbaut wurde.

Fensterladen zu Birmensdorf,

Kanton Zürich. Tafel 11.

Diese aufgetronirte Malerei der Fensterladen wurde im Jahre 1772 erneuert und zeigt eine für die damalige baroke Zeit auffallende Reinheit der Composition. Zeichnung wie Farbenzusammenstellung erinnern unwillkürlich an romanische Kunst. Die Laden gehören nebst sechs anderen eben so verschieden gemalten einem doppelten Wohnhause an, welches in seiner Bauart mit der auf Taf. 10 (Lang) dargestellten, übereinstimmt.

Das alte Wirthshaus in Baar,

Kanton Zug, Tafel 12,

ist im Jahr 1684 erbaut worden. Dasselbe zeigt den Riegelbau mit dem hohen Ziegeldach in der seltener vorkommenden Verbindung mit einer freitragenden Gallerie. Die Pfosten derselben sind oben zur Aufnahme der beiden aus einem Brett bestehenden Consolchen durchgeschlitzt und dadurch die Winkel versteift. Der Brustriegel läuft über alle Pfosten weg und ist in jeden derselben eingezapft.

Fig. 52.

Die Schutzdächer über den Fenstern der Giebelseite haben gleiche Construction wie bei Fig. VIII., unten, wo jedoch der Blockbalken die Stelle des Rahmholzes der Fachwand vertritt. Die Laden sind theils zum Herablassen wie im Kanton Zürich, theils zum Aufziehen wie in den Urkantonen eingerichtet.

Die Spitze des Giebels ziert eine den Schweizer Riegelbau besonders charakterisirende Dreiecksverbindung mehrerer nach Fig. 53, sich im Schwalbenschwanz überschneidender Hölzer.

Das Haus des Sigristen zu Marbach,
Kanton Luzern. Tafel 13,

vom Jahr 1809 zeigt den Ständerbau mit eingeschobenen Bohlen ohne Verstrebung der Wände durch Büge, wenn man nicht die Stützel der Laubenträger als jene ersetzend ansehen will. Die Ständer sind bei jedem Stockwerk zwischen Schwelle und Rahmholz abgesetzt und unter den Details dieser Tafel deren Querschnitte dargestellt.

Die profilirt vorstehenden durchlaufenden Fensterbänke greifen blattartig über die Pfosten der Scheidewände, seitwärts eingenuthet, so dass ein gleichmässiges Setzen nicht gehindert wird.

Das Rahm- und Füllwerk der Wände liegt bündig nach Aussen ohne Auskragung der Stockwerke. Die verlängerten in bündigen Ueberschneidungen sich kreuzenden Rahmhölzer tragen die Lauben ringsum, überall durch kurze Büge und oben auch durch die Pfosten der Laube gestützt. Eben so werden die Fusspfetten des mit feinen Schindeln gedeckten Winkeldaches durch jene Rahmhölzer und durch die Schwellen der obersten Lauben getragen.

Die beiden Mittelpfetten sind durch die obersten Laubenpfosten durch die Giebelwände und durch den im Querschnitt angegebenen stehenden Dachbinder über der Mittelwand gestützt.

Der Grundriss, im Maasstab 1 : 250 zeigt die Eintheilung des unteren Wohnstocks mit dem Eingange rechts.

Die Perspectiven der Seitenlaube, der oberen Giebellaube, sind in zehnfachem auf der Durchschnitt der Wände bezüglichem Maassstabe dargestellt. Zunächst der äusseren Ansicht des Hauses ist im Hintergrunde links ein Haus aus Entlibuch, Kanton Luzern, gezeichnet, dessen Wände mit durchlaufenden Ständern wie im Kanton Zürich construirt sind.

Das Haus von J. Stetter in Eggiwyl,
Kanton Bern. Tafel 14,

aus dem Jahr 1796, zeigt dieselben Wandständer mit eingeschobenen Bohlen, die Lauben und Dachausladungen, wie das Vorhergehende. Nur sind die Stützenconstructionen dieser Ausladungen grösstentheils mit Brettern bekleidet. Die inneren das hohe Schindeldach tragenden Binder bestehen aus einfachen liegenden Stühlen*).

Das kleinere Gebäude auf dieser Tafel ist ein Käsespeicher aus der Umgegend vom Jahr 1794. Die Breite seines Giebels beträgt 6,3 m.

Der Blockbau.

Wohnhäuser im Kanton Schwyz,
Tafel 15.

Die auf dieser Tafel dargestellten Häuser, auf die wir bei der vergleichenden Uebersicht zurückkommen, zeigen die Uebereinstimmung der Blockbauart im Kanton Schwyz, sowohl bei den Grundrissen als auch bei den Façaden.

Das Dachwerk und die Eindeckung sind wie auf Taf. 6. 7. construirt, nur dass hier statt der Bretter, Latten aus Halbholz aufliegen und die obersten die Steine stützenden Latten mittelst S förmiger Hölzer an die inneren Latten aufgehängt sind. Die Construction der Decken und Böden ist wie auf Taf. 6. 7. Die einarmigen Treppen bestehen aus Blockstufen. Die durch den geringen Dachvorsprung bedingten Vordächer sind zum Theil bei den hier dargestellten Häusern abgebrochen worden. Da wo eine Blockwand nicht durch eine Scheidewand gebunden ist, bilden kurze Balken, nach Innen und Aussen vorstehend, feste Versteifungen jener Langwand, wie hier bei den hinteren Giebelwänden der Häuser in Altmatt und in Steinen. Die Vorstösse der Scheidewände sind zuweilen dadurch unterbrochen, dass einzelne Balkenköpfe mit Schwalbenschwanzzapfen in die äussere Wand eingenuthet sind.

Der einzige Schornstein für den Ofen des Wohnzimmers und der Küchenherd ist aus Backsteinen gemauert und mit einem gewölbten Hut versehen, dessen Widerlager verankert sind. Oft zieht auch der Rauch durch einen bis unter das Dach offenen Küchenraum und durch kleine Giebellucken nach Aussen.

Das Haaseholfi bei Steinen,
Kanton Schwyz. Tafel 16.

In der Natur giebt die hier dargestellte südöstliche Ansicht dieses alten Blockhauses ein Bild von der lebhaftesten Farbenwirkung. Das tiefe Rothbraun der Holzwände, das Silbergrau der Dachschindeln und der weisse Kalkaustrich der Mauern vereinigt sich mit dem Grün des Rebstocks und der umgebenden Landschaft höchst vortheilhaft.

Der Grundriss ist auf Taf. 15 dargestellt. Im Nebengebäude sind Kuh- und Ziegen-Stallungen nebst Heuspeicher untergebracht.

Das Pfarrhaus in Steinen,
Kanton Schwyz. Tafel 17.

ist von den zum Kirchspiel Steinen gehörigen Gemeinden im Jahr 1653 erbaut worden und zeigt denselben Blockbau wie Taf. 15 in Verbindung mit dem hohen Ziegeldach, welches bei öffentlichen Bauten seit Einführung des Ziegelbrennens in jener Gegend dem flachen Schindeldach vorgezogen wurde. Die Gespärre bilden einen unmerk-

lich stumpfen Winkel und ruhen auf den über den Dielen des Dachbodens um 0,78 m. erhöhten Seitenwänden, um mit Zuziehung der Aufschieblinge dem Seitenlauben die erforderliche Höhe zu geben. Bei dem Grundriss Fig. II. sind die späteren Anbauten blass schraffirt.

Am vorderen Giebel liegt unter die halbe Tiefe des Hauses einnehmende Dachkammer, deren Seitenwände die mittleren Dachpfetten auf gleiche Länge tragen. Von da bis zum hinteren Giebel, im offenen Dachraum, sind diese Pfetten nicht unterstützt. Die hintere 8,4 m. lange Giebelwand ist dadurch gebunden, dass zu beiden Seiten des anstossenden Schornsteins kurze Blockbalken jene Wand kreuzen und nach Aussen um 15 cm, nach Innen um 45 cm. vorstossen. Die Dielen über dem Hausgang liegen längs desselben auf neun Unterzügen, davon zwei den verlängerten Balken der Scheidewände angehören. Die Schwellen der Thüren stehen 9 cm. über dem Boden und halten die Wände zusammen. Hinter der äusseren gestemmten Brüstung der Fenster werden die Laden in die Höhe gezogen. Das Wohnzimmer ist durch gestemmtes Wand- und Decken-Getäfel, im Anschluss an ein reiches antikes Deckengesimse und durch Schnitzwerke an den eichenen Thürpfosten, bestehend aus Muscheln, Blättern, Blumen und Früchten, geschmückt**).

Heuschoppen und Stallung in Flüelen,
Kanton Uri. Tafel 18.

Fig. I. dieser Tafel zeigt die Ansicht, Fig. II. den Querschnitt, Fig. III. den halben Längenschnitt und Fig. IV. den Grundriss des Giebels von einem Heuschoppen mit Stallung, wie man viele dergleichen in Reussthale zwischen Flüelen und Altdorf antrifft. Das Holzwerk dieser oft mehrere hundert Jahre alten Schoppen hat sich sehr gut conservirt, indem die Luft überall freien Zutritt unter dem schützenden Dache hat. Bei dem Eckverband der Wände, Fig. V., überschneiden sich die Balken in 6 cm. weiten Zwischenräumen gegen den Luftzug. Letztere sind von Meter zu Meter mit kurzen Klötzchen gegen den Druck des Daches ausgestellt. Das Heu ist gegen die Dünste der unteren Stallung durch ein vernuthetes 12 cm. starkes Diebelgebälke geschützt, welches auf sechs starken Unterzügen ruht.

---

*) Die Giebelfronte ist 9,24 m. lang; die Lauben haben überall 1 m. Vorsprung; das Dach hat 2,4 m. Ausladung; der Bogen am Giebel ladet 1,65 m. aus und hat im Lichten 0,84 m.; die Eckständer sind 0,3 auf 0,6 m. stark.

**) Die Stockhöhen betragen im Lichten beim unteren Stock 2,25 m., oben 2,2 m., im Dach 3,31 m.
Die Umfangswände sind 13,5 cm. dick;
Die Scheidewände 13,8 cm., die Vorstösse 15 cm. stark.
Die Dachpfetten sind 15 auf 30 cm.;
Die Grundschwellen 16,5 auf 30 cm.
Die Sparren vor dem Giebel 13,5 auf 18 cm., und im Dachstock 13,5 auf 15 cm. stark.

Fig. VIII. zeigt deren verkämmte Verbindung mit den Giebelwänden. Diese Wände werden eben so oben durch fünf sich dazwischen ganz frei tragende Dachpfetten fest verbunden.

Die vier Blockwände, welche den weiten Heuraum einschliessen, sind in Distanzen von 2,5 bis 3 cm. nach Fig. VII. fest abgebunden, ihre Stabilität ist sodann durch die schwere Bedachung, welche zugleich die Decke des Heuraums bildet, wesentlich vermehrt. Die Eindeckung ist dieselbe wie im Kanton Schwyz. Fig. VI. zeigt die Construction der oberen Flügelthüren, wobei die Pfosten früher schwebende Zapfen hatten und das Eisenbeschläg vermieden ist. Fig. IX. stellt eine Dachtraufe mit Holzkandeln dar, wobei gleichfalls die eisernen Träger und Nägel durch Holz ersetzt sind. Fig. X. und XI. zeigen einen anderen Heuschoppen in Flüelen, wobei unterhalb die durch Böge verstellten Ständer mit eingeschobenen Leisten und oberhalb der nach Fig. VII. verstärkte Blockverband in Anwendung gebracht ist.

Häuser an der St. Gotthard-Strasse,
Kanton Uri. Tafel 19.

Auf dieser Tafel ist links ein Haus aus Wasen, in der Mitte ein Haus aus Silenen und rechts eine kleine Kapelle aus Wyler dargestellt. Ersteres wurde im Jahre 1822 von einem Berner Zimmermann nach dem auf Taf. 6. 7 erklärten Styl erbaut. Nur das hohe mit

feinen Schindeln bedeckte Winkeldach unterscheidet es von Jenem. Es erscheint als ein zierlich geschmückter Fremdling in dieser Gegend, wo der Blockbau in seiner schlichtesten Weise, nach dem in der Mitte dargestellten Hause vorherrscht. Letzteres schliesst sich in seiner Construction der im Kanton Schwyz üblichen Bauart, Taf. 15 an und stammt aus dem Ende des vorigen Jahrhunderts.

Die Kellerbalken treten nach Fig. 53. um 45 cm. über die zwei Grundschwellen auf die Giebelmauer vor und tragen, durch kurze eingezapfte Consolen gestützt, die vordere Wand*).

Das hohe Haus zu Wolfenschiessen,
Kanton Unterwalden. Tafel 20 u. 21.

Taf. 20 zeigt die südöstliche Ansicht dieses Hauses, das auf einem Hügel, unweit der Stelle, wo der Säcklisbach in die Aa fliesst, im Jahr 1586 von Ritter Melchior Lussi erbaut wurde**).

Dieser war eidgenössischer Gesandter bei der Republik Venedig, und bei König Franz I. sehr angesehen, und zeichnete sich durch seine Frömmigkeit aus.

Er liess im Dachstock seines Wohnhauses einen grossen Betsaal mit gewölbter Holzdecke nebst einem Glockenthürmchen auf dem Dach für die umwohnenden Familien einrichten. Dadurch wurden das hohe mit Schindeln gedeckte Giebeldach, die hohen den Betsaal erhellenden Giebelfenster, sowie die hohen Treppenfenster an der Traufseite bedingt, abweichend von dem flachen steinbelasteten Schindeldächern der umliegenden Bauernhäuser. Uebereinstimmend mit denselben und mit der urkantonalen Sitte ist jedoch die Grundrissanlage der beiden Wohnböden Fig. I. und II. Taf. 21. Der jetzige Zustand des Hauses hat sich grösstentheils noch gut erhalten, die natürliche Holzfarbe tritt überall im Innern und Äusseren des Hauses zu Tage*).

In dem Wohn- und Schlaf-Zimmer sind an den eichenen Fensterpfosten interessante Reliefsculpturen von Heiligen erhalten, darunter das Bild des Waldbruders Conrad Scheuber. Die einfachen in senkrechter Flucht construirten Blockwände zeigen nur eine Verstärkung bei den nach Innen etwas vortretenden Grundschwellen und bei der mit dem Würfelfries gezierten Fensterbank*).

Die am Giebel vortretenden Dachpfetten sind zunächst durch eine Reihe gleichweit vortretender Blockbalken und dann durch Consolen unterstützt, welche das den Urkantonen gemeinsame Profil haben.

Nach dem Längenschnitt Fig. V. sind jene Pfettenträger im Inneren des Daches nur zum Theil abgeschnitten, so dass weitere Stützpfosten entbehrlich werden. Fig. VIII. zeigt die Construction der Vordächer am Giebel, ohne ein sog.: Klebdach, dessen Stützpfosten mit eisernen Nägeln und Keilen an die Blockwand befestigt sind, unten ein Vordach, dessen Pfette auf den verlängerten Blockbalken der Haupt- und Scheide-Wände ruht.

Nach Fig. V. wird die Ausladung dieser Vordächer stufenweise grösser, um die Unteren vor dem oben abfallenden Wasser zu schützen. Fig. IX. zeigt die Laube der Westseite mit der verschaalten Riegelwand, deren äusserste Ecke durch zwei Böge gestützt ist.

In Fig. VII. sind die Blockstufen zu dem oberen Geschoss und den Kellerräumen dargestellt. Nur unter der Küche ist kein Keller.

Die polygonförmig flachgewölbte Holzdecke über dem Betsaal besteht aus profilirten Rahmen und Füllungen, welche an krumme Rippenhölzer befestigt sind. Die Anwendung dieser Construction wurde durch die vier Querwände Fig. III, welche als Strebepfeiler dem Horizontalschub der Decke begegnen, erleichtert. Ein profilirtes Consolgesims trennt die getäfelten Langwände des Betsaals von der um 15 cm. vortretenden Decke.

Der Fussboden des Saals ist mit sauber gefugten 1,8 cm. dicken grün glasirten Backsteinplättchen von dreierlei Formen nach Fig. III. belegt. Fig. VI. zeigt die Construction des Glockenthürmchens. Das Aufsetzen eines sechseckigen oder achteckigen Helms auf einem viereckigen Unterbau kommt in der Schweiz an Kapellen und Kirchen häufig vor. Die Helmstange ist hierbei mit einem eichenen Holzkeil an das Gebälke befestigt.

Bezüglich des Rauchabzugs bemerken wir den einzigen Schornstein für den Ofen des Wohnzimmers mit seiner Schleifung in Fig. II. und an der Wand des Betsaals Fig. III. Der Rauch des Küchenheerds und des zweiten Ofens daneben zieht durch die schraffirten Bodenöffnungen Fig. II. und III., mit Berührung eines Theils vom Fussboden und der Wand des Betsaals, in unter das Dach und findet durch kleine Giebellöcher nach Aussen. Das untere Schlafzimmer Fig. I. konnte durch einen in Nuthen laufenden Holzschieber in der Scheidewand beim Ofen erwärmt werden, zugleich konnte man dadurch ungesehen hören was im Nebenzimmer verhandelt wurde.

Hochsteig bei Watwyl,
Kanton St. Gallen. Tafel 22 u. 23.

Dieses Blockhaus steht auf einer Anhöhe bei Watwyl, jenseits der Thur, mit freier Fernsicht auf die sieben Churfirsten und wurde vor etwa 200 Jahren von einer reichen Wittwe F. S. Hartmanenin erbaut**).

Es zeichnet sich wie noch einige andere Blockhäuser im Toggenburg'schen durch einen zierlichen Erkerbau, insbesondere durch die reich geschmückte Haustüre und Fensterladen des Wohnstocks aus. Taf. 22 stellt diese Hausthüre mit ihrem nach Art der Holzwerks dekorirten Sandsteinrahmen dar. Auf der Mittelleiste dieser Thür steht das Wappen und der Namenszug der Erbauerin.

Das Titelblatt dieses Buches stellt eins der mittleren Giebelfenster, einfach und nicht als Doppelfenster wie in der Natur, so dar, dass der frühere Brüstung befindliche Laden aufgezogen ist und das Fenster deckt. Aus den Querschnitten der Hausthüre ist zu ersehen, dass alles verzierte Leistenwerk auf der zum Theil verdoppelten Bretterwand der Thüre, nur aufgeleimt und mit Ausnahme der beiden Einschubleisten auf der Rückseite, nicht eingestemmt ist; ebenso sind die meisten Zierrathen auf den Fensterladen und Brüstungen nur aufgeleimt und zum Theil mit Holznägeln befestigt.

---

*) Die Giebelwand des mittleren Hauses hat ohne die Vorstösse eine Länge von 10,2 m., eine Dicke von 13,5 cm. und deren Vorstösse sind 18 cm. lang.
Die kleine Vorhalle der Kapelle steht 3,3 m. vor der Mauer, ihre Eckpfosten sind 22,5 auf 24 cm. stark und stehen 3,75 cm. auseinander.
Die obere Giebelwand steht 1,62 m. vor den Eckpfosten.

**) Ueber der Thüre des Wohnzimmers steht in Eichenholz eingeschrieben:
Geburt Tausend fünff Hundert achtzig sechs jar ist dyses Hus gebut worden do Ein mte herrn sechszechen münz gulden galt do hat man hin darum kauft und bezalt in dem obgemelden Jar got geb dem Frommen Hus Vater der diss huss besitz glück fund heill. Amen.
(Ein Mütt ist circa 200 Pfund.)

***) Von dem späteren Besitzer, J. C. Christen, stammt die Einrichtung der Fensterladen, der gemalte Kachelofen des Wohnzimmers vom Jahr 1733, das reich geschnitzte und mit bunter Holzmosaik eingelegte Büffet vom Jahr 1734, die ornamentirte Decke vom Abort unterhalb der alten, der mit höchst künstlich versteckten Gefächen eingerichtete Sekretär im Schlafzimmer und die Erweiterung der Küche durch einen Steinbau.

*) Die eichene Giebelschwelle ist 17,4 auf 30 cm. stark, die 18 cm. höher liegenden Seitenschwellen sind 15,3 auf 27 cm. stark.
Die vordere Giebelwand ist 13,3 cm. und die Seitenwände sind 15,5 cm. dick. Die Fenster messen 16,8 cm. Die Einbindungen der Blockwände sind mit 3 cm. tiefen Verzahnungen construirt.

**) Auf dem sehr reich in Holz gearbeiteten Büffet steht die Jahreszahl 1677 mit dem Namenszug der Erbauerin.

Thüre und Laden sind von gewöhnlichem Tannenholz und beweist deren lange Dauer die grosse Geschicklichkeit der damaligen Schreiner im Leimen.

Das Hauptdach bildet einen unmerklich stumpfen Winkel an der First und ist wie die Vordächer und das Thürmchen mit feinen Schindeln eingedeckt.

Nach der Grundrissanlage trennt der Hausgang in der Mitte jedes Stockwerks die zu beiden Seiten liegenden drei Räume, davon die mittleren als Küchen benutzt werden. Die einarmige Treppe liegt im Hausgang.

Fig. 54. stellt den Grundriss des Erkers dar, welcher ein kleines für sich abgeschlossenes Kabinet an der Ecke des Wohnzimmers bildet. Die Kellerräume sind mit Ausnahme desjenigen an der südöstlichen Ecke mit elliptischen Kreuzgewölben von Bruchsteinen überdeckt.*)

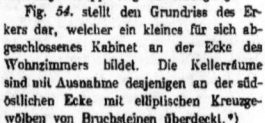

Fig. 54. Maassstab 1 : 100.

Die Blockwände kragen ringsum bei der unteren Fensterbrüstung und bei den Dielentragenden Giebelbalken in Carniesform je um 1,5 cm. vor. Die Grundschwellen von 15—18 cm. Dicke und 24—45 m. Höhe stützen in ihrer Verlängerung nach Fig. 54. das untere hier punktirte Gebälke des Erkers, dessen Wandverriegelungen mit Backsteinen ausgemauert sind. Das Zwischen- und Dach-Gebälke des Erkers sind auf gleiche Weise von vorstehenden Blockbalken getragen. Die Füllungen der mit weiss verzinntem Beschläg gezierten Zimmerthüren sind besonders reich mit bunter Holzmosaik belegt.

Im ersten Dachstock liegt am Giebel ein Saal von 9,9 m. Länge und 6 m. Breite, dessen zehn Fenster auf Taf. 23 mit den Vorstössen der begrenzenden Blockwände sichtbar sind. Die 9,9 m. lange Giebelwand dieses Saales wird an zwei Stellen dadurch sehr fest gebunden, dass kurze Blockbalken, deren Vorstösse über den Gangwänden aussen sichtbar sind, nach innen 27 cm. vorstehen und in einen ausgenutheten Ständer greifen, welcher unten und oben in die Dielenträger eingezapft ist. Zur Stütze der 6 cm. starken Diele an der Saaldecke kreuzen sich die beiden Unterzüge, worin jene Ständer oben eingezapft sind, in bündiger Ueberschneidung mit einem mittleren der Länge des Saales nach gerichteten Unterzuge.

Die vier Mittelpfetten des Dachwerks von 12,6 auf 25,5 cm. Stärke sind zwischen den Blockwänden der Giebelzimmer, über den mittleren ganz offenen Speicherräumen 6 m. als durchlaufende Hölzer unverschieblich mit jenen Wänden verbunden und tragen gleichzeitig in ihren Nuthen die Bodendielen. Die Firstpfette von 19,5 auf 15 cm. Stärke ist über jeder der beiden inneren Querwände durch einen mit Bögen versteiften Pfosten gestützt. Die Füsse der Sparren von 16,5 auf 15 cm. Stärke und 1,2 m. von Mitte zu Mitte liegend, greifen mit Ausnahme der äusseren Giebelsparren nach Fig. 55. mit stumpfer Klaue die Fusspfette zugleich Dielenträger des Dachbodens. Die Decken der oberen Giebelzimmer in den Wohnböden sind durch je zwei durchlaufende Unterzüge gestützt. Ausserdem sind noch die Gangdielen durch die verlängerten obersten Blockbalken der Scheidewände getragen.

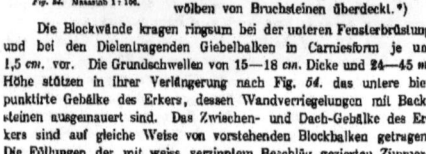

Fig. 55. Maassstab: 1 : 25.

Die Blockwände nächst den Feuerungen sind rund mit 7,5 cm. dicken Wänden aus gestellten Backsteinen garnirt.

Das alte kathol. Pfarrhaus in Peterzell,
Kanton St. Gallen. Tafel 24.

Die Ansicht dieses Hauses, ein Theil des Längenschnittes und der Grundriss des unteren Wohnbodens, sind auf dieser Tafel dargestellt. An den inneren Kellermauern steht die Jahreszahl 1622, das Blockhaus aber stammt aus dem an der Hausthüre stehenden Jahr 1716.

Die Grundrissanlage unterscheidet sich von der allgemeinen schweizerischen, durch die grosse Hausflur, deren entsprechender Raum im Parterre noch keinen besonderen Ausgang hat. In dieser Flur liegt die Stocksteige und in der Ecke der Wohnstube führt noch eine kleine

---
*) Die Länge der Giebelfronte misst ohne Vorstösse 15 m.
Die Tiefe des Hauses misst 16,08 m.
Das Wohnzimmer mit dem Erker ist 6,48 m. breit, das Andere 5,76 m. Beide sind 5,0 m. tief; der Gang dazwischen ist 2,28 m. breit, die Wände sind 12 cm. dick. Die Kellergewölbe sind im Lichten 2,7 m. hoch, die Wohnböden im Lichten 2,3 m. hoch.

---

versteckte Treppe zu dem oberen Gemach. Im Dachstock liegt am vorderen Giebel eine von vier Fenstern erhellte Kammer, von gleicher Tiefe wie die Gemächer darunter. Die Scheidewände dieser Kammer bestehen aus Riegelwerk. Ihre sehr breiten Eckpfosten am Giebel stehen zum Theil aussen vor der Blockwand vor und sind seitwärts ausgenuthet, um die Blockbalken des Giebels aufzunehmen. Hiernach konnten die am Giebel vorstehenden Dachpfetten nicht wie beim Blockbau durch Balken, sondern mussten wie beim Riegelbau durch Büge unterstützt werden.

Die beiden oberen im Dach nicht durchlaufenden Pfetten sind an ihren Enden gleich stark belastet und mit ihren Stützen nur zur äusseren Zierde des Hauses angebracht. Die Firstpfette und die beiden Mittelpfetten, gestützt durch die Giebel und die Wände der Dachkammer tragen allein das geschindelte Dach, dessen Winkel an der First unmerklich spitz ist.

Die Laden vor den Fenstern werden auch hier hinter den feststehenden kunstvollen Brüstungsbrettern in die Höhe gezogen. Ein eiserner Lampenträger ist aussen nach der Sitte von St. Gallen und Appenzell angebracht. Der Rauch aus dem Ofen der Wohnstube geht durch einen geschleiften Zug unter der Küchendecke in den einzigen Schornstein des Hauses über dem Küchenheerd.

Das Haus von J. Vögeli und J. Kundert zu Rüti,
Kanton Glarus. Tafel 25,

stammt aus dem Jahr 1742. Es ist durch eine Mittelwand in zwei ganz gleiche Wohnungen getheilt, deren Einrichtung Fig. II. darstellt. Die Lauben sind hier am hinteren Giebel vorgebaut. Die im ganzen Lande selten vorkommende Anlage dreier Stockwerke in Holz auf dem steinernen Unterbau, ist im Kanton Glarus wegen der sehr engen Thäler ausgenöthigt und überdrängten Bevölkerung, die sich mehr mit Industrie beschäftigt, öfters zu finden.

Das Mauerwerk hierbei zeichnet sich durch die dunkelrothe Naturfarbe des in grossen regelhaften Stücken brechenden Sernftgesteins dieser Gegend aus. Bei allen Umfangswänden findet eine Auskragung über der unteren Fensterbank, um den Vorsprung ihres Würfelfrieses von 4,5 cm. statt. Von da aufwärts liegen jene Wände in senkrechter Flucht, nur die oberen Fensterbänke treten profilirt vor.

Sodann sind die Grundschwellen und Dachpfetten nach innen zu verstärkt. Die Dachpfetten, die Würfelfriese der Fensterbänke und die theils abwärts theils seitwärts zu schiebenden Laden sind bemalt und bilden den einzigen Schmuck der Façade. Diese zeigt die Keildielen der verschiedenen Böden, welche durch die ausgenutheten Blockbalken und durch einen in Fig. II. punktirten Unterzug in jedem Stock getragen werden. Eine grosse Ausladung des Daches, welches wie das Haus Tafel 6 eingedeckt ist, macht hier die Klebdächer entbehrlich.

Die Dachpfetten sind bis zur Hälfte ihrer Ausladung durch eine Reihe nach einer schrägen Linie vortretender Blockbalken unterstützt*).

Das Haus von Caspar Schild in Meiringen,
Kanton Bern. Tafel 26,

ist durch eine Scheidewand in zwei Wohnungen getheilt, davon die Grössere mit sechs Fenstern am vorderen Giebel in ihrer Grundrissanlage mit der des Hauses im Hasli Tafel 15 nahezu übereinstimmt. Eine einarmige Treppe führt unter dem Schutz der Laube zu den oberen Gemächern. Das Haus stammt aus dem Jahre 1615, wie am oberen Stock bei der die beiden Wohnungen trennenden Scheidewand eingeschrieben ist.

Hierbei ist die deutsche Inschrift mit lateinischen Lettern keilförmig ins Holz gravirt. Auf dem unteren Stock steht dagegen die Jahreszahl 1754 mit der Inschrift in deutschen Lettern. Diese Zahl bezieht sich auf die spätere überfalzte und verzierte Bretterbekleidung dieses mehr dem Wetter ausgesetzten Stockwerks, wie man deutlich an den unbekleideten Vorstössen der alten Blockbalken an der vorderen Hausecke, Tafel. 26, den einen einfachen den oberen ganz gleichen Profilirungen vom Jahr 1615 erkennt. Gleichzeitig mit der Bekleidung sind [die unteren Fenster vergrössert und statt der alten abgefasten Pfosten, neue, mit den auf Tafel 7 übereinstimmen, eingesetzt worden.

---
*) Die Blockwände sind 13 cm. dick, die Vorstösse 15 cm. lang.
Die Grundschwellen haben 33 auf 18 cm.,
Die Dachpfetten 27 auf 18 cm., die Dielen 4,5 cm. Stärke.

Fassen wir den unterscheidenden Charakter dieser von Anfang des 17ten, mit der aus dem Ende des 18ten Jahrhundert herrührenden, bei Tafel 6. 7 erläuterten Bauart ins Auge, so finden wir:
1) dass die am Giebel vortretenden Stockwerke hier auf profilirten Consolen ruhen, welche mit Schwalbenschwanzzapfen in die Dielentragenden Blockbalken von Oben herab eingeschoben sind,
2) dass der breite durch diese Consolen gestützte Blockbalken abgefast und nicht als Bogenfries geziert ist,
3) dass ebenso die Fensterpfosten und Stürze abgefast sind,
4) dass die vorspringenden Fensterbänke den Würfelfries zeigen,
5) dass die ausladenden Dachpfetten mit ihren stützenden Blockbalken, jeder Einzelne für sich in schrägen Abtreppungen und am Kopfe in gleich wiederkehrender Form profilirt sind;

Dagegen liegen die übereinstimmenden Constructionen beider Bauarten hauptsächlich:
1) in der Verstärkung aller Grundschwellen, aller Dielentragenden Blockbalken und der Dachpfetten,
2) in der nach Aussen in senkrechter Flucht stehenden Blockwände der beiden Traufseiten,
3) in der Dachdeckung und Schornsteinanlage.*)

Kässpeicher und Michels Haus zu Bönigen,
Kanton Bern. Taf. 27.

Die kleineren meist für zwei Familien berechneten Speicherbauten zur Aufbewahrung von Produkten der Landwirthschaft und Viehzucht, repräsentiren stets die lokale Bauart in sehr einfacher Weise, oft in den schönsten Verhältnissen. Der Schutz gegen Feuersgefahr veranlasste den möglichst isolirten Bau dieser Speicher, so dass sie von der Wohnung aus überwacht werden können, wie auch wie im Kanton Obwalden durch eine bedeckte Laufbrücke mit den oberen Seitenlauben des Wohnhauses in unmittelbarer Verbindung stehen. Die Isolirung vom Boden zum Schutz gegen Feuchtigkeit wird gegen Nagethiere geschieht durch Anlage mehrerer Grundschwellen über einander, zwischen welche kurze Holzstützel zuweilen auch noch grosse runde Steinplatten zwischen je zwei solcher Stützel eingesetzt werden.

Die Eingangsthüren an den Giebeln dieser Speicher liegen meist gegen Norden. Transportable Staffeln dienen zum Betreten des vor den Thüren angebrachten Bretterbodens.

Die Bauart des hier dargestellten Käse- und Heu-Speichers schliesst sich der bei der vorigen Tafel beschriebenen älteren Weise an. Taf. 28, Fig. V. zeigt eine der eingezapften Consolen, welche die plattliegende Schwelle der oberen vorspringenden Giebelwand tragen, diess um so kräftiger, als die Holzfasern der Consolen senkrecht gegen die der Balken gerichtet sind. Die Keildielen der Böden und der schiefen Decke der Giebelkammer stehen hier an den Seitenwänden vor, deren Aussenfluchten senkrecht durchlaufen.

Taf. 27 zeigt die perspektivische Ansicht obigen Speichers, so wie das im Jahr 1740 erbaute Michel'sche Haus in Bönigen, um die constructive und decorative Uebereinstimmung der Speicherbauten mit dem lokalen Blockbau der Wohnungen hervorzuheben.

Speicherbau in Brienz,
Kanton Bern. Taf. 29.

Die Ansichten, der Grundriss und Durchschnitt nebst Details dieses Speichers vom Jahr 1602, zeigen einen der wenigen alten noch erhaltenen Blockbauten in Brienz, wo sich später die reichste Holzarchitektur entfaltete. Die unteren Räume dieses Speichers dienen zur Aufbewahrung von Heu, die mittleren für Käse und die oberen für Obst und Fleisch. Letzteres wird durch die vom nahen See abgekühlte Luft getrocknet. Deshalb liegen auch die Dachschindeln hier nicht auf dicht schliessenden Brettern, sondern auf Latten wie in den Urkantonen.

Speicherbauten in Langnau,
Kanton Bern. Taf. 30.

Die Fig. I, IV, V dieser Tafel stellen einen Speicher auf dem sog. Moos aus dem Jahr 1738 dar.
Die Fig. II, III, VI einen Speicher in Langnau von 1759.
Die Fig. VII, VIII sind Details anderer Lauben aus Bärau und Langnau.

---

*) Die vordere Wohnung hat am Giebel eine Länge von 9,1 m. (ohne Vorstösse) und eine Tiefe von 12 m. Das Wohnzimmer an der Ecke ist 5,6 m lang, 5,7 m tief: das Schlafzimmer daneben gleich breit 3,12 m, und gleich tief wie das Wohnzimmer. Der Hausgang ist 1,5 m breit, die Laube 1,95 m breit. Die Blockwände sind 12 cm. dick, die Schwellen und Träger 15 cm dick.

Die Details dieser Tafel, Fig. IV, VI VII zeigen insbesondere die Verbindungen bogenförmig ausgeschnittener und profilirter durchlaufender Bretter mit den Pfosten und Rahmhölzern der Lauben. Bei Fig. I, IV sind die profilirten Pfosten noch durch ein besonderes Brett von Aussen maskirt. Jene Bogenformen geben dem Gebäude einen der Natur des Holzes gewissermassen widersprechenden Charakter, in der Landschaft aber, besonders aus der Ferne, ein höchst malerisches Ansehen. In beiden Speichern Fig. I und II liegen die 4.5 cm. starken Schindeltragenden Dachdielen unmittelbar auf der Firstpfette, auf den beiden Mittel- und Fuss-Pfetten, welche sich 5,1—5,7 m. freitragen.*)

Stützconstructionen der Lauben und Vordächer,
im Kanton Bern. Taf. 31.

Fig. I zeigt diese Constructionen an einem Blockhause zu Matten bei Interlaken vom Jahr 1799, wobei der bei Taf. 6. 7 beschriebene Blockbau zu Grunde liegt, hier in Verbindung mit einer Vorlaube.

Fig. II stellt die bedeckte Vorhalle eines Hauses vom Unterseen bei Interlaken aus dem Anfang des 17ten Jahrhunderts dar.

Früher bildeten mehrere solche Häuser, dicht aneinander gereiht, einen vor den Wohnungen herziehenden 2,7 m. breiten bedeckten Gang. Das Haus hat die durch zwei Stockwerke durchlaufenden Ständer mit eingenutheten Bohlen und den stehenden Dachstuhl. Die Balkendecke erstreckt sich nur über die Vorhalle. Die vordersten Holzpfosten bilden bei einem Hause bei Meiringen aus dem Jahr 1605 die Träger einer Seitenlaube. Sie sind oben 21 auf 27 cm., in der Mitte 15 auf 21 cm. stark.

Fig. III zeigt die Verbindung der Ständerwände mit den Lauben und Vordächern eines Hauses in Langnau aus dem vor. Jahrhundert. Hierbei ist der liegende Stuhl, welcher den Walmen des Giebels stützt, nur bei dem äussersten Gespärre angebracht; das zweite in der Flucht der Vorlaube liegende Gespärre und das dritte über der Giebelwand zeigen in dem offenen aus dem Speicher benutzten Dach, die stehenden Stuhl, dessen Ständer zugleich Laubenpfosten bilden.

Fig. IV ist eine Variation der letztgenannten Construction von einem Hause bei Eggiwyl.

Saanen,
Kanton Bern. Taf. 32.

Die auf dieser Tafel dargestellten Holzbauten aus Saanen zeigen im unteren Stock den Ständerbau mit eingenutheten Bohlen und darüber den Blockbau mit dem flachen Dache. Die Grundschwellen, die Ständer der Haupt- und Scheide-Wände und die Dielentragenden Rahmhölzer liegen in ein und derselben Flucht. Vor diese Flucht treten die profilirt durchlaufenden Fensterbänke, hinter dieselbe um 5,4 cm. vertieft die Brüstungsbohlen, sowie die Pfosten und Stürze der Fenster. Dabei sind die Fensterpfosten mit den zunächst stehenden Ständern vernuthet.

In Bezug auf den oberen Blockbau erkennen wir in dem reicheren Vorderhause, unter dessen Giebel die Jahreszahl 1661 eingeschrieben ist, die mit dem Hause Taf. 6 übereinstimmende Construction, an dem dahinter stehenden um etwa 50 Jahre älteren Hause aber die im Wesentlichen mit Taf. 26 übereinstimmende Bauart vom Anfang des 17ten Jahrhunderts.

Die Blockwände der Traufseiten stehen mit den unteren Ständern nach Aussen in gleicher Flucht.

Nach der Grundrissanlage dieser beiden Häuser, gelangt man durch die in der Mitte der Fronte oder seitwärts liegende Hausthüre und durch einen schmalen Gang zu der hinter den vorderen Zimmern gelegenen Küche und Kammer.

An dem Vorderhause stützen 9 cm. breite Holzconsolen die über den Ständern vorstossenden Blockbalken und vermitteln gleichsam den Uebergang des unteren Ständerbaus in den oberen Blockbau. Ihrem rein dekorativen Zweck entsprechend, sind sie oft nach Taf. 33 zierlichste ausgeschnitten und bemalt. Die Profilirungen der Dachpfetten und deren Consolen schneiden hier, obgleich noch in wiederkehrenden Formen, durch mehrere Blockbalken, ohne dem Holze

---

*) Der Boden der Seitenlauben Fig. I. liegt 45 cm. tiefer als der der Vorderlaube. Die Lauben Boden besteht aus 1 cm. starken, unter sich vernutheten Diebelbalken. Die Lauben gehen rings um den Speicher, welcher am Giebel 4,68 m. und am Seitenlauben 5,84 m. Breite hat. Die Vorderlaube ist 1,57 m., die hintere 1,11 m. breit und die Tiefe des Speichers mit diesen breiten Lauben beträgt 8,01 m.
Der Speicher Fig. II. am Giebel 4,89 m., mit den Seitenlauben 7,2 m. breit, seine Tiefe misst 6,94 m., mit Einschluss der 1,74 m. breiten vorderen und 1,14 m. breiten hinteren Laube.

mehr als die nothwendige Tragkraft zu lassen, während bei dem älteren Nachbarbau die Fugen der Consolen genau mit den Profilabsätzen zusammenfallen.

Fig. 55.

Unter dem Sturz der Hausthüren findet sich häufig, wie bei diesem älteren Bau, ein profilirtes Brett in die Thürpfosten eingeschoben.

Fig. 56 zeigt die spätere reichere Ausbildung dieses Motivs. Im Vordergrunde dieser Tafel ist eine Messbude aus Saanen vom Jahr 1709 dargestellt.*)

Das Schulhaus in Rougemont,
Kanton Waadt, Taf. 33,

ist im Jahre 1701 als Wohnung für eine Familie erbaut worden und zeigt dieselbe Verbindung des Ständer- und Block-Baues wie in Saanen.**)

Hierbei liegen doppelte Grundschwellen mit Vorstössen auf einander und die Fensterpfosten des unteren Stocks stehen mit den Ständern in gleicher Flucht. Auch bildet der Fenstersturz zugleich den Dielenträger.

Die Dachpfettentragenden Consolen sind hier nach grösseren Curven profilirt, wie sich überhaupt in diesem französischen Theil der Schweiz eine grössere Feinheit und Eleganz in der Ornamentirung ausspricht. Eine bedeckte, mit Glas geschlossene Gallerie schliesst sich rechtwinklig an die linke Hausecke an und begrenzt an dieser Seite den ummauerten Vorhof.

Die gewölbte Hausthüre rechts führt durch einen Gang auf die Stiege zum Wohnstock, wo die hintere grosse Küche, mit den weiten Schornstein von Bohlen, den Zugang zu den vorderen Zimmern gestattet. Die Länge des Hauses am Giebel beträgt 13,2 m. und die Tiefe 12 m.

Das evangelische Pfarrhaus in Rossinière,
Kanton Waadt, Taf. 34,

stammt aus dem Jahr 1664 und hat im Wesentlichen dieselbe Construction wie das vorhergegangene Haus.

Der älteren Bauart von Saanen entsprechend sind jedoch hier die einzelnen Consolen der Dachpfetten den Balkenfugen nach abgetreppt und profilirt.

Der Bogenfries über den Fenstern des oberen Stocks ist ungewöhnlich gross, indem die aus dem Blockbalken ausgeschnittenen Bogen im Lichten 30 cm. weit und 12 cm. tief sind. Fig. 57 zeigt diesen Fries oben, darunter die mittlere Fensterbank und den unteren Bogenfries, welcher sich durch besondere Eleganz auszeichnet. Die Grundschwellen sind durch kleine Consolen verstärkt um die plattliegende vorspringende zweite Schwelle unterhalb der dritten, Dielentragenden Schwelle zu stützen.

Fig. 57.

Die Länge der Giebelfaçade beträgt zwischen den Seitenlauben 15,85 m., der Vorsprung der Ständerwand vor der untersten Grundschwelle beträgt 30 cm.

---

*) Das Haus vom Jahr 1661 hat eine Giebellänge von 10,14 m. und eine Tiefe von 9,48 m. Dessen Eckpfosten sind 30 auf 30 cm., Grundschwellen 30 auf 17 cm.

Scheuerbau in Cinuskel und das Dach der Mühle zu St. Maria,
Kanton Graubünden. Taf. 35.

Fig. I zeigt den Giebel eines Scheuerbaues in Cinuskel, der sich an das vordere Wohnhaus anschliesst. Der unterste niedere Raum dient als Schafstall, dann folgt der Heuboden und Speicher mit einigen Kammern darüber. Letztere sind mit Blockwänden umgeben, welche sich an die äusseren Mauern anschliessen. Fig. II zeigt den Querschnitt der Laube und Fig. III einen der drei Bogen am Giebel mit der Wandmalerei in Sgraffito. Diese Bogen wiederholen sich auch seitwärts an der Scheuer.

Bei dem Dach der Mühle in St. Maria Fig. V ist das Schildbrett in den gewundenen Riegel eingeschoben. In Fig. IV sind die Dachpfetten dieser Mühle näher zusammengerückt, um deren Stützenconstructionen deutlicher darzustellen.

Das Haus Fallet in Bergün,
Kanton Graubünden. Taf. 36.

Der als Heuspeicher benutzte Dachraum dieses Hauses zeigt am vorderen offenen Giebel den stehenden Stuhl mit sehr feiner Durchbildung der Details, zu deren Verdeutlichung die innere Ansicht desselben Stuhls unten grösser dargestellt ist. An den Bügen unter den Pfetten ist die Jahreszahl 1564 so eingeschrieben, dass auf jedem Bug eine Ziffer steht.

Auf die Construction der Fenster und Sgraffitomalerei der Wände kommen wir am Schlusse dieses Buches zurück.

Scheuer in Zernez und Laube in Alvaneu,
Kanton Graubünden. Taf. 37.

Die geometrische Ansicht, ein Theil des Längenschnitts und die perspectivische Ansicht dieses Scheuerbaues sind hier dargestellt. Derselbe schliesst sich an die vordere Wohnung unter einem Dache an und stammt aus dem Ende des letzten Jahrhunderts.

Bei der Laube in Alvanen sind die Wände des Heuspeichers aus runden Blockbalken construirt. Die unterhalb hängende Weintraube ist aus Blech getrieben und bemalt.

Haus Cuorat in Lavin,
Kanton Graubünden. Taf. 38.

Dieses Blatt stellt eins der kleineren Wohnhäuser im Unterengadin dar, an das sich hinten Scheuer und Stallung anschliessen. Links ist der Haupteingang, zugleich Einfahrt in die Vorhalle und Scheuer dahinter.

In der Mitte des Giebels liegt ein kleineres Thor zum Eingang des Viehes in die unteren Stallungen; darüber ein Fenster zur Erleuchtung der Vorhalle. Rechts ein Fenster zur erhöhten Wohnstube gehörig, welche hinter der Mauer mit Blockwänden umgeben und im Inneren getäfelt ist. Unterm Giebel erscheint eine Art Gitterwerk in Holz, welches in ganz ähnlicher Weise auch im benachbarten Tyrol vorkommt. Rechts am Hause sieht man den überwölbten mit einem Dach geschützten Backofen, zu der hinter der Wohnstube gelegenen überwölbten Küche gehörig.

Die Sgraffitomalereien der Wände sind grösstentheils durch die Zeit verlöscht und nach anderen dortigen Häusern auf dieser Darstellung restaurirt. Der Giebel dieses Hauses ist 12,3 m. breit, die Thorfahrt im Lichten 2,4 m. breit.

An dem dargestellten Brunnen greifen die kürzeren Bohlen der Seitenwände des Troges mit Schwalbenschwanznuthen in die längeren vorstehenden Bohlen, welche noch mit zwei eisernen Zugbändern sowie durch Holzkeile in den eichenen Grundschwellen fest verbunden sind.

Dielentragenden Blockbalken 36 auf 18 cm. und die Blockwände 12 cm. stark.
Das ältere Haus hat eine Giebellänge von 16 m.
Die Messbude ist 4,5 m. lang und 2,7 m. breit.
**) Die oberen Fensterbrüstungen tragen folgende Inschriften:
Dieu benie celle maison tous ceux qvi la frequentent. O eternel soi le conducteyr de son batievr Jean Rodolphe Cottier Banderel.

La mort me chassera de cette demevre fragile mais jay au ciel un domiciel ou jamais elle nentrera. an courant 1701.

Vergleichende Uebersicht schweizerischer und stammverwandter deutscher Holzbauten.

Unter den Holzbauten finden wir drei Arten der Wandbildungen; die Blockwand, die Ständerwand mit eingeschobenen Bohlen und die Riegelwand, eine Combination von Holz mit Lehmerde oder Steinen. Letztere breitet ihre Herrschaft von den Flachlande nach dem Hochlande zu immer mehr aus, in demselben Maass, in welchem die Abnahme der Waldungen das Material vertheuert. Jetzt finden wir in Deutschland und in der Schweiz die volle Holzwand nur noch in hohen waldreichen Gebirgsgegenden alleinherrschend. Ob der Blockwand oder der Ständerwand das höhere Alter zuzuschreiben sei, darüber hat man nur Vermuthungen, indem das leicht zerstörbare Material uns solche Bauten nur aus den letzten drei Jahrhunderten überliefert hat. Bei den ältesten noch erhaltenen Bauten dieser Art lässt indessen die Einfachheit der Construction, sowie die dabei angewendeten Dekorationen auf Jahrhunderte hindurch unverändert beibehaltene Reminiscenzen und auf sehr hohes Alter beider Bauarten schliessen.

In der Schweiz sehen wir auf einem verhältnissmässig geringen Raum alle drei Arten der Holzwände vertreten. Sie wurden in sehr verschiedener Weise zum Theil mustergültig wie nirgends sonst ausgebildet und der Steinbau sowohl wie der Ständerbau noch mit dem Blockbau combinirt. Selbst bei gleichen Constructionen und ähnlichen Grundrissanlagen erhalten diese Bauten durch Verschiedenheiten in der Dachbildung, in den Wandbekleidungen und Dekorationen oft einen ganz veränderten, die Mannigfaltigkeit steigernden Charakter.

Suchen wir bei allen diesen Verschiedenheiten das gleichartig Uebereinstimmende, so finden wir dasselbe in der Grundrissanlage des Wohnstocks.*)

Das kleinste von einer Familie bewohnte Haus hat neben dem Wohnzimmer das Schlafzimmer, hinter beiden die Küche mit den Eingängen seitwärts, diese Gruppe bildet den quadratischen Kern des Hauses und erweitert sich nach oben durch ein zweites Geschoss mit einer oder zwei freitragenden Seitenlauben. Bei dem grössten von einer Familie bewohnten Hause ist ein schmaler Gang mit der einarmigen Treppe und den seitlichen Hausthüren zwischen die beiden vorderen Zimmer und die Küche, woran sich eine Kammer schliesst, eingeschoben. Diese grössere Gruppe bildet wie oben wieder den quadratischen Kern, über dem sich das zweite Geschoss mit Seitenlauben, im Berner Oberland zuweilen auch mit Vorlauben, erhebt.

In den Urkantonen findet sich auf dem Lande höchst selten eine Vermehrung dieser Räumlichkeiten für eine Familie, und dann nur wie bei dem ehemaligen Landvogteihaus in Steinen, Fig. 58.), in der Art, dass sich obige Gruppe der Traufseite des Hauses nach wiederholt.

Hierbei wurde das südliche Wohnzimmer c im Winter und das nördliche e im Sommer bewohnt.**)

Bei den folgenden Blockhäusern des Berner Oberlandes dagegen associrten sich gewöhnlich zwei Familien und wiederholten obige Gruppe der Giebelseite nach, gegen die Mittagslinie, beide Wohnungen getrennt durch die Mittelwand des Giebels. Dadurch entstanden die grossen Giebelfaçaden in doppelter Länge als die Traufseiten des Hauses.

Die Schweizer haben im Wesentlichen die stammverwandte allemannische Wohneinrichtung, wie solche noch in den Bauernhäusern des Schwarzwaldes existirt, beibehalten. Sie waren wie die Schwarzwälder bei der Uebervölkerung auf ungünstigem Boden seit Jahrhunderten, neben der Landwirthschaft und Viehzucht, auf industrielle Beschäftigungen als einen Hauptzweig ihrer Nahrung angewiesen. Desshalb hielten sie die eigenthümliche Fensterstellung der allemannischen Wohnung fest, wonach die Fenster an der südlichen Hausecke beiderseits um den Arbeitstisch im Wohnzimmer dicht aneinander gereiht wurden.

Dieser Theil des Wohnzimmers bildet gleichsam den Brennpunkt des Hauses und des Familienlebens. Die durch ihn gezogene Diagonale fällt wo möglich auf die Mittagslinie, damit der Sonne den Tag über der Zutritt gestattet werde.

Beim Sitzen auf den um die Ecke ziehenden Wandbänken hat man sowohl den Ueberblick über das ganze Zimmer, über die Ein- und Aus-Tretenden, als mittelst der bequem seitwärts zu schiebenden Fensterschalter, den freien Blick über die oft wundervolle Landschaft. Der heiteren erkerartigen Fensterstellung ist die äussere Symmetrie der Façade, zuweilen selbst die Symmetrie der Strassenanlagen geopfert; indem stets ein Haus etwas vor das Andere vorgeschoben ist, um auch von den Seitenfenstern auf die Strasse zu sehen.

Die innere Einrichtung des Wohnzimmers zeigt überall die gleiche sinnige Gemüthlichkeit, welche den Deutschen im Allgemeinen charakterisirt und selbst auf die französische, romanische und italienische Schweiz übergegangen ist. Meistens ist die Wohnzimmer quadratisch von 3,6—6 m. Seitenlänge, als das beste räumliche Verhältniss bedingend, und im Lichten 2,1—2,25 m. hoch. Das Licht der Fenster wird durch die kleinen Scheiben in Blei gebrochen und Vordächer oder das weit vorspringende Hauptdach schützen um die heisse Mittagszeit, wie auch gegen Regen und Schnee. Die bei der geringen Stärke der Holzwände nothwendige innere Vertäfelung zeigt wie die Dielen des Fussbodens und der Decke die natürliche Holzfarbe im warmen Reflexlicht der Sonne. Der grosse glasirte Kachelofen, welcher auch zum Obstdörren und Brodbacken dient, meistens der einzige Ofen im Hause, liegt jener Ecke gegenüber, ist von Aussen zu heizen und von der Scheidewand durch einige schmale und hohe Tritte getrennt, welche den Zugang zu der darüber angebrachten Fallthüre ins obere Schlafgemach ermitteln und im Winter warme Sitzplätze darbieten. Das auch dem ärmsten Bauer nicht fehlende Büffet, welches den Sekretär mit dem Glasschrank und dem Waschtisch vereinigt, steht längs einer Wand oder in einer Ecke, ebenso die Wanduhr. Einige Holzstühle vollenden diese bescheidene Ausstattung.

In den Urkantonen findet sich noch das aufgeputzte Bild der Madonna unter Glas und in einem kleinen Eckschrank und bei den ältesten Häusern an den eichenen Thür- und Fenster-Pfosten geschnitzte und bemalte Heilige nach spätgothischen Mustern. Bei reicheren Häusern des 17ten Jahrh. sind die Holzschnitzereien und eingelegte Mosaikarbeiten an jenem Möbeln, so wie der architektonische Schmuck an Decken, Wänden und Thüren und der mit Malereien und Reliefarbeiten gezierte Kachelofen, alles in späterem Renaissancestyl, oft bewunderswerth.

Als Beispiel jener Mosaikarbeiten geben wir in Fig. 59 die Art und Weise wie man aus zwei verschiedenfarbigen Holzgattungen ein helles und ein dunkles Brett wählte, um dieselben nach gleichem Dessin auszuschneiden und durch Verwechslung der Ausschnitte mannigfaltige Wirkungen ohne Holzverlust zu erzeugen.

Fig. 59.

Nachdem wir das Uebereinstimmende der Grundrissanlagen nachgewiesen haben, bleiben uns noch einige Abweichungen davon zu erwähnen. Im Berner Oberland wird häufig eine Küche gemeinschaftlich von zwei Familien benutzt, wodurch sich die Grundrisse, wenn jede Familie nur ein Wohnzimmer am Giebel hat, sehr vereinfacht.

Bei grösseren nur von einer Familie bewohnten Blockhäusern des Simmen- und Saanen-Thales, liegt die Küche in der Mitte des Hauses. Mit dem Heerd in der Mitte und von der Oeffnung des weiten hölzernen Rauchfangs oft nur von Oben erleuchtet, bildet sie gleichsam den Centralpunkt, indem sie in Verbindung mit den Gängen und Treppen den Zugang zu allen übrigen Räumen des Hauses gestaltet. Auch

---

*) Vergleiche die Grundrisse Tafel 15 und 17.
**) a) Vorplatz unter der Laube mit dem Eingang, b) Hausflur mit der Stockstiege, c) Wohnzimmer, d) Schlafzimmer, e) Wohnzimmer, f) Schlafzimmer, g) Küche, h) offene Laube mit Tisch und Bank, daneben eine Treppe in den Garten, i) Abort, k) Holzbehälter.

ist eine besondere Feuerstätte für die Käserei in dieser geräumigen Küche angebracht.

Bezüglich der Anlage der Oekonomiegebäude ist zu bemerken, dass in den Alpengegenden der Schweiz wie auch in Tyrol, die Stallungen und Speicher getrennt von den Wohnungen, in der Nähe derselben oder auf den Gütern, erbaut sind. Da wo in der Schweiz der Blockbau vorherrscht, sind die Wände der Stallungen aus beschlagenen Balken, bei dem Heuraum darüber aber aus unbeschlagenem, rundem Holze errichtet. Die Einrichtung ist gewöhnlich so, dass in der Mitte, quer durch ein Futtergang liegt, an den sich beiderseits der Kuh- und Ochsen-Stall anschliesst. Darauf folgen an den Giebelseiten die Remisen für Wagen und Geräthe oder die Käsereien, um die Kälte von den Stallungen abzuhalten.

Die abgesondert erbauten Käsespeicher werden in den Kantonen Bern, Luzern und Unterwalden mit der gleichen Sorgfalt wie die Wohnungen geschmückt. Ebenso baut der Aargauer und Züricher seine besonderen Fruchtspeicher im Ständerbau mit verzierten Bügen, Brüstungsgurten nebst Lauben und der Engadiner zeigt seine Heuschoppen in vorzugsweise reicher Ausbildung des Holzwerks. Wo die Stallungen und Speicher unmittelbar mit der Wohnung in Verbindung stehen, schliessen sie sich unter einem Dach an die Giebelseite der Wohnung wie bei den allemannischen Häusern des Schwarzwaldes an. Dann ist häufig die Traufseite des Hauses der Vorderseite und durch einen Hofraum von der Strasse getrennt. Der Hausgang in der Mitte dieser Seite geht quer durch das Haus, links zu dem Wohnzimmer und der dahinter liegenden Küche führend, rechts zu der Tenne oder dem Kuhstall. Oft liegt die Tenne in der Mitte des Hauses über den Stallungen und man fährt auf einer gemauerten Rampe über eine bedeckte hölzerne oder gewölbte Brücke in den hohen Dachraum. Vermöge dieser Brücke bleibt der Gang vor den Stallungen aussen offen. Die ganz gleiche Anlage findet sich bei den Häusern im Schwarzwalde und im bayrischen Hochgebirge.

Die fränkische Sitte den Hofraum durch die getrennten Gebäulichkeiten zu umgeben, ist auch in den östlichen Kantonen der Schweiz bei grösseren Hofraithen eingeführt.

Indem wir nun auf die Verschiedenheiten der Schweizer Holzbauten näher eingehen und die stammverwandten Deutschen damit vergleichen, beginnen wir wieder wie bei den Monographien mit dem

Riegelbau.

Der neben dem Blockbau auftretende Riegelbau in den Hochlanden Süddeutschlands, wie in Steiermark, Oberbayern und Tyrol unterscheidet sich von der Bauart in den dortigen Flachlanden, wo das hohe Ziegeldach vorherrscht, durch das flache Dach mit den steinbelasteten Holzschindeln, durch die reichen Bretterbekleidungen und Gallerien, stimmt aber in der Stellung der Fenster, wonach dieselben in regelmässigen Zwischenräumen einzeln stehen, mit ihr überein. Einflüsse jenes Riegelbaues der Hochlande zeigen sich in der Schweiz nur bei Dachwerken und Gallerien der romanischen Theile Graubündens.

Dagegen hat der Riegelbau der süddeutschen Flachlande, allmählich den Ständerbau der östlichen Cantone der Schweiz verdrängt und bereits seit mehr als 300 Jahren die Grenze des Blockbaues der conservativen Urkantone erreicht.

Im Aargau hielt sich der Ständerbau mit dem hohen die Wohnungen und Stallungen deckenden Strohdach bis zu diesem Jahrhundert. Im Kanton Zürich, wo der Ständerbau mit dem flachen steinbelasteten Schindeldach und dem stehenden Dachstuhl noch bis 16. Jahrh. allein herrschte und die Wohnungen oft von den Stallungen getrennt waren, tritt der Riegelbau in Verbindung mit dem hohen Ziegeldach, mit den regelmässigen Balkenanlagen in jedem Stock und mit dem liegenden Dachstuhl erst im Anfang des 17 ten Jahrhunderts auf.*)

Im Wehntal, Kanton Zürich, kommt auch das hohe abgestumpfte Strohdach mit ausgemauerten Riegelwänden vor, Wohnung und Stallung unter einem Dach wie im Aargau. Die Uebereinstimmung dieser Riegelbauten mit den genannten Süddeutschlands wird noch durch den gleichen dunkelrothen Anstrich des Holzwerks gesteigert.

Dagegen beruhen die unterscheidenden Merkmale in klimatischen, traditionellen und decorativen Rücksichten:
1) auf den gemauerten, absichtlich gegen die Wetterseite gestellten Giebeln. In den Mörtel des Bewurfs wurden kleine

---

*) Den stehenden Dachstuhl zeigt Tafel 10 nebst Figur 47 und 49 Seite 17 und den liegenden Binder die Figur 41 und 46 Seite 16 und 17.

---

rothe Thonschieferbrocken dicht nebeneinander eingedrückt, was ihnen in einiger Entfernung das Ansehen eines grossen Mosaiks giebt und zur Dauer des Bewurfs vieles beiträgt,
2) auf der grösseren Ausladung des Daches, sowohl nach der Giebelseite, wo die Stützen der vortretenden Pfetten und Sparren zierlich profilirt sind, als auch nach der Traufseite, wo zuweilen die Verstrebung des Ständerbaues beibehalten oder das ganze Dachgebälke wie bei dem Schwarzwälder Hause vorgeschoben wurde, dort durch die Bedeckung der offenen Gallerien oder der Vorplätze bedingt.*)
3) auf den sogen. Klebdächern, welche über den Fenstern eines jeden Stockwerks am Giebel angebracht sind. Die kurzen Sparren dieser Vordächer sind oben an die Wand genagelt und ruben unten auf einer Pfette, welche durch die vortretenden, durch Büge unterfangenen Rahmhölzer der Haupt- und Scheide-Wände gestützt ist,
4) auf den Gallerien oder Lauben, die in einem etwas feuchten und nebeligten Klima zum Trocknen der Feldfrüchte und Sämereien vortreffliche Dienste leisten und die Anlage der Aborte ausser dem Hause gestatten; bei den Seitenlauben sind entweder alle Balken des oberen Bodens vorgeschoben oder nur ein Theil derselben, dann aber jeder Einzelne durch einen profilirten Bug unterstützt; bei den Giebellauben sind wieder die verlängerten Rahmhölzer die Träger der Laubenschwelle und Bodendielen, gleichfalls durch Büge unterstützt;
5) auf den gekuppelten Fenster- und Laden-Einrichtung, welche sich von der Bauart im Schwarzwalde nur dadurch unterscheidet, dass dort die Fenstergestelle vor die Wandflucht treten und die frei vor der Brüstung herabhängenden Laden in die Höhe gezogen, statt wie hier von oben herabgelassen werden; die Ladenbretter sind auf's Zierlichste ausgeschnitten; entweder bildet das Ornament selbst den Ausschnitt wie bei Fig. 60, oder

Fig. 60.

der Grund des Ornaments ähnlich wie bei Fig. 56 (Seite 22) oder auch die äussere Kante des Brettes wie bei Taf. 21.
6) auf den Gitterwerken der Giebel, deren Fachwerk aus schräg sich kreuzenden bündig überschnittenen Hölzern gebildet wird, was auch bei Heuschoppen, bei Wandgefachen in Verbindung mit krumm geschnittenen Breitstückchen, und im Kleinen in besonders reicher Ausbildung bei Scheuerthoren im Kanton Thurgau in ähnlicher Weise wiederholt.

Starke Auskragungen des oberen Stockwerks über das Untere durch Vortreten der Balken kommen in der Schweiz selten und dann nur in einfacher schmuckloser Weise vor.

Ständerbau.

Bei dem Ständerbau mit eingeschobenen Bohlen oder Blockhölzern unterscheiden wir drei verschiedene Wandconstructionen.

In den östlichen Kantonen gehen die Ständer; da wo die Wände einbinden, allemal durch die beiden Stockwerke von der Grundschwelle bis zu den Schwellen des Dachstocks und sind mit Bügen meistens oben und unten verstrebt. Die Büge legen sich dicht vor die eingeschobenen Bohlen und ihre Verbindungen bestehen aus Verankerungen in Schwalbenschwanzformen. Die Schlitzzapfen der Grundschwellen von den Seiten- und Scheide-Wänden treten vor die Giebelschwelle vor und sind durch mehrere Holznägel aussen befestigt. Zwischen jene Ständer sind die Dielentragenden Rahmhölzer des oberen Stocks sowie die durchlaufenden Bänke und Sturzriegel der gekuppelten Fenster eingenuthet und deren Pfosten in die beiden Letzteren eingezapft. Diese Bauart ist die ältere und hier auf Taf. 10 dargestellt. Sie stimmt mit der des Schwarzwälder Hauses genau überein.**)

---

*) Siehe die Holzbauten des Schwarzwaldes von Eisenlohr.
**) Dagegen zeigt das Dachwerk des Aargauer Ständerhauses eine weit primitivere zeltartige Construction, indem hier die runden an ihren dicken Enden verbundenen Gesparre, oben durch die Pfette der mittleren, beiderseits kräftig verstrebten und in sich verbügten Langwand gestützt sind, auch der Dachraum im Uebrigen ganz hohl ist; während bei dem Dachwerk des Schwarzwälder Hauses die rechteckig beschlagenen Sparren und Pfetten auf

Sie wurde sowohl bei den hohen Stroh- und Ziegeldächern wie bei den flachen steinbelasteten Schindeldächern angewandt und das Haus meist so gestellt, dass die Traufseite die Hauptfronte bildet. Das Hauptgeschoss dieser Häuser liegt meistens gleicher Erde oder nur auf einem niederen steinernen Unterbau, auch sind dessen Fensterbrüstungen häufig ganz von Stein vortretend oder als Riegelwerk ausgemauert, so dass die Laden oberhalb der gekuppelten Fenster angebracht werden mussten.

In den Kantonen Bern und Luzern dagegen haben wir nur bei sehr alten Holzhäusern obige Wandconstruction gefunden. Im Allgemeinen gehen die Ständer, da wo die Wände einbinden, nur durch ein Stockwerk, wie beim Riegelbau und sind in Rücksicht auf ihre Kürze und Dicke wie auch wegen der grösseren Stärke des eingeschobenen Füllwerks niemals verstrebt. Dabei unterscheiden wir aber zwei ganz verschiedene durch die Stellung und Construction der Fenster bedingte Wandbildungen.

Die Aeltere, wonach die Bänke und Stürze der gekuppelten Fenster als ganze Blockbalken zwischen den Wandständern durchlaufen und nur die Fensterpfosten etwas breiter gehalten sind, wie bei den Häusern auf Taf. 13, 14; und die Jüngere, aus der letzten Hälfte des vor. Jahrhunderts, wonach die Fenster symmetrisch einzeln zwischen breite Pfeiler und die Fensterpfosten wie bei der Riegelwand in gleicher Höhe mit den Wandständern bei allen Stockwerken nach Fig. 61 errichtet wurden. Die Bänke dieser Fenster sind profilirt mit Blattzapfen in die Pfosten eingenuthet. Die grössten Häuser dieser Art mit ihren hohen liegenden Dachstühlen und weitausladenden am Giebel geschweiften Schindeldächern finden sich im Simmenthal.

Fig. 61.

Fig 62. zeigt die Hälfte eines solchen abgewalmten Giebels mit den an die Dachconstruction befestigten, krumm geschnittenen Bohlen, an denen die in Fig. 62. weggelassene Bretterverschaalung angenagelt ist.

Fig. 62.

Die beiden letztgenannten Wandbildungen kommen in Deutschland, soweit uns bekannt, nicht vor. Die Dielen der Böden und Decken sind stets unter sich und mit den Schwellen und Rahmhölzern der Wände vernuthet, in derselben Weise wie bei dem Blockbau.

Blockbau.

Zu dem Blockbau der Schweiz übergehend, wollen wir über die in den Hochgebirgen Oberbayerns und Tyrol vorkommenden Blockbauten einige Bemerkungen vorausschicken.*)

In Oberbayern ist der steinerne Unterbau als Hauptwohnung benutzt und der Blockbau darüber nur einstöckig; daran schliesst sich unter demselben Dach die Scheuer und Stallung und man fährt gewöhnlich über eine Brücke in die über der Stallung liegende Tenne.

---

zwei übereinander stehenden gewöhnlichen Stühlen mit durchlaufenden Gebälken ruhen und von der oben genannten mittleren Langwand nur die Hochstulen mit kurzen Bügen unter der Firstpfette als Stützen der Gehölze beibehalten wurden.

*) Försters Bauzeitung, Jahrgang 1843.

In Tyrol dagegen ist der Holzbau zweistöckig auf dem als Keller benutzten Unterbau und die Oekonomiegebäude liegen getrennt von der Wohnung auf den Gütern. In beiden Ländern besteht die Verbindung der Blockwände meistens aus einer kastenartigen Verzinkung statt der Vorstösse. Die Wandfluchten aller Stockwerke stehen senkrecht übereinander ohne Auskragung und ohne Ornamentirung der einzelnen Balken; die äussere Decoration besteht fast ausschliesslich aus Brettschnitzereien.

Die Fenster stehen symmetrisch gesondert mit breiten Zwischenpfeilern; die Decken sind durch Unterzüge, welche auf diesen Pfeilern ruhen, verstützt und dadurch in regelmässige Felder eingetheilt; die Vornen und zum Theil an den Seiten umgehenden unteren und oberen Lauben ruhen auf den vorschiessenden Unterzügen der Decken; die weit ausladenden Dächer sind flach, geschindelt und mit Steinen belastet; die Dachpfetten sowie die oberen Laubenträger sind noch durch einzelne vorstehende und besonders stark ausgeschnittene Blockbalken unterstützt und an den Stirnseiten mit zierlich ausgeschnittenen Brettchen bekleidet; ebenso sind die Giebelstirnbretter reich profilirt und endigen in Tyrol an der Firstspitze als zwei sich kreuzende Pferdeköpfe.

Das Blockhaus in der Schweiz ist im Allgemeinen zweistöckig und steht auf einem steinernen als Keller benutzten Unterbau. Die dicht gedrängte Fensterstellung, wie bei den allemannischen Häusern des Schwarzwaldes ist überall hier mit Ausnahme einzelner Theile der Kantone Graubünden und Appenzell festgehalten. Wir unterscheiden in Bezug auf Construction und Decoration drei Hauptrichtungen, welche sich auf die verschiedenen klimatischen Verhältnisse und kantonalen Geschmacksrichtungen zurückleiten lassen: nämlich die der drei Urkantone, die des Berner Oberlandes mit einem Theil des angrenzenden Waadtlandes und die von Appenzell.*)

In den Urkantonen erscheint der Blockbau durchaus primitiv, mit schlichter gleich starker meist ohne Vorsprünge der Stockwerke aufsteigender Wand und ohne Verstärkung oder Ornamentirung einzelner Balken derselben. Er ist sich, ohne irgendwie beeinflusst vom Ständerbau, die letzten drei Jahrhunderte hindurch im Wesentlichen gleich geblieben, in Gegensatz zu den reichen Blockbauten des Berner Oberlandes, welche vom Anfange des 17. Jahrh. an diese reiche und feine Wandausbildung erhielten, und durchgängig, ähnlich dem Ständerbau, die wichtigsten horizontalen Constructionstheile, wie Grundschwellen, Fensterbänke, Rahmhölzer und Dachpfetten verstärkt vortreten oder auf dem vollkommenen Ständerbau des unteren Stocks erst die eigentlichen Blockbauten beginnen lassen.**)

Nur die veränderte Dachbildung giebt den Blockbauten in jedem der Urkantone einen unterscheidenden Charakter, indem die flachen steinbelasteten Schindeldächer, neben den hohen mit feinen Schindeln oder Ziegeln bedeckten, zuweilen auch abgewalmten Giebeldächern vorkommen. In allen Fällen beträgt die Dachausladung am Giebel und an den Traufseiten nicht mehr als 0,80 — 0,96 m. im Gegensatz zu dem 2,1 — 3 m. weit ausladenden Dache des Berner Oberlandes, so dass über einer jeden Fensterreihe am Giebel und zuweilen auch seitwärts über den unteren Fenstern besondere Schutzdächer angebracht sind. Wenn dieser nothwendige Schutz der Blockwände schon einer Ornamentirung der einzelnen Balken ungünstig war, so musste dieses noch weit mehr durch die den Fenstern vorgesetzte Ladeneinrichtung der Fall sein. Dieser gestattet somit als ein Hauptmotiv zur Decoration der Façaden. Ein natürlicher Schmuck derselben besteht in den beinahe stets gepflanzten Rebestock, welcher Wände und Vordächer mit seinen malerischen Ranken überzieht.

Ein anderes Motiv geben sowohl die Träger der dicht schliessenden vor die Giebelwand tretenden Gespärre, als auch die Träger der Schwellen von den Seitenlauben und der Pfetten von den Vordächern. Alle diese Träger bestehen aus vorgeschobenen Blockbalken der Haupt- und Seide-Wände und sind als eine einzige Console nach einer Viertelskreiskurve profilirt.

Diese Kurve endigt in einem eigenthümlichen meist wiederkehrenden Profil des obersten Balkenkopfes. Fig. 63, a, b, c, zeigt diese Consolen aus den Kantonen Schwyz und Uri.

---

*) An die urkantonale Richtung schliessen sich mit Ausnahme der Blockbauten der vorgenannten Kantone, diejenigen der übrigen Schweiz, so dass wir später nur wenige Bemerkungen über Einzelnes noch beizufügen haben und am Schluss die eigenthümliche Anwendung des Blockbaues im Engadin erläutern werden.

**) Eben so haben wir die Verwandtschaft des Ständerbaues im Berner Oberland mit dem Riegelbau nachgewiesen.

Fig. 63. c, die am Ende des vor. Jahrh. im Kanton Uri häufig wiederkehrende Form eines Stierkopfes.

Fig. 63. d, die im Kanton Unterwalden üblichen Consolen, welche durch die gleichweit vorstehenden obersten Blockbalken eins der wenigen unterscheidenden Merkmale der Unterwaldner Bauart liefert. Pfetten oder Stirn-Bretichen finden sich selten an diesen Trägern.

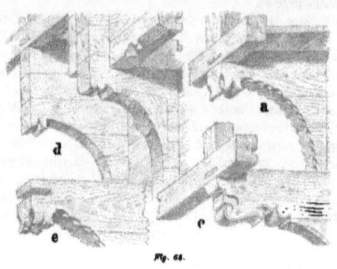

Fig. 64.

Sind die Blockwände überschindelt, wie in einigen Gegenden Unterwaldens, dann sind die Köpfe jener Träger sehr künstlich mit feinen Schindeln derart bedeckt, dass verschieden gebildete Rosetten oder kreuzweise überbindende Holzstreifchen bunt bemalt die Façaden beleben.

Bezüglich der angegebenen Formation und Stellung der Blockwände kommen noch einige Abweichungen vor, die wir nicht umgehen dürfen.

So sind die Grundschwellen und Dachpfetten öfters nach Innen, die Fensterbänke aber mit Profilirungen nach Aussen etwas verstärkt. Diese Profilirungen bestehen entweder aus gekehlten Fasen oder aus dem Würfelfries wie bei allen älteren Block- und Ständer-Bauten der Schweiz.

Zuweilen steht die ganze vordere Giebelwand auf den um 45 cm. vortretenden Kellerbalken, welche auf hohen Grundschwellen aufliegen und nach Fig. 53., (Seite 19) durch eingezapfte Consolen aussen gestützt sind. Zwischen jenen Balkenköpfen ist die Wandschwelle mit flachen bemalten Reliefs geziert. Diese Construction beim Blockbau ist die einzige in der Schweiz, welche an die bei den vortretenden Stockwerken des Riegelbaues im Norden Deutschlands vorkommende ähnliche erinnert.

Ferner finden sich besonders bei alten Häusern die Umfangswände an der Fensterbank, des unteren Stocks etwas vorgeschoben, wodurch der Eckverband der Blockbalken nach Fig. 64 complizirt wird. Es ist hier dargestellte Ecke ist dem alten Schützenhause bei Schwyz vom Jahr 1554 entnommen.

Mitunter ist auch eine obere Blockwand vorgeschoben und durch einzelne verlängerte Balken der Haupt- und Scheide-Wände gestützt, wie nach Fig. 63, b oben bei einem Hause in Steinen vom Jahr 1539. Wenn damit gleichzeitig die Vordächer ringsum gehen, so entstehen eigenthümliche Stützconstructionen an den Ecken des Hauses, indem hier die Consolen Fig. 63. C, der Höhe nach dreimal in Ueberschneidungen der Blockbalken vorkragen, zuerst die seitwärts vorgeschobene obere Wand, sodann das ringsum gehende Vordach und oben die Sparren und Aufschieblinge des hohen Giebeldachs stützend.

Fig. 64

Fig. 65.

Im Kanton Schwyz ist der Giebel nach der Wetterseite oft mit stehenden Brettern nach Fig. 65. bekleidet und diese mit 3 cm. starken Holznägeln an die Blockwände befestigt. Die Köpfe dieser Holznägel sind an verschiedenen Orten nach den in Fig. 65. dargestellten Formen ausgeschnitten.

Bezüglich der offenen Lauben bemerken wir, dass in Folge der geringen Ausladung des Hauptdaches niemals Vorlauben an den Giebelfaçaden vorkommen, dagegen ist die Anlage von Seitenlauben im oberen Geschoss durch das flach vorschiessende Hauptdach erleichtert und vermittelst der Aufschieblinge auch bei dem hohen Dache ermöglicht. Diese Lauben erscheinen häufig nur auf der Seite, wo die Hausthüre mit der Vortreppe liegt, indem sie der Letzteren Schutz gewähren. Dadurch verlegt sich die Dachspitze aus der Mittellinie des oberen Stocks, was das Malerische der Façade erhöht.

Die Geländerpfosten der Haustreppe sind oft als Stützen der Seitenlauben erhöht, zierlich profilirt und mit ausgeschnitzten Bögen versteift, überhaupt als ein reizendes Motiv zur äusseren Dekoration benutzt.

Allen Holzbauarten der Schweiz gemeinsam ist die Wandconstruction dieser Seitenlauben und die Art und Weise der Einzelverbindung der Hölzer hierbei. Fig. 63. zeigt die Schlitzzapfen-Verbindung der Träger mit der Schwelle jener Wand.

Fig. 66. stellt die Verbindung des Brustriegels mit den Wandpfosten dar. Dieser Brustriegel besteht immer aus einem profilirten durchlaufenden alle Pfosten einer Laube verbindenden Holze, welches in die Pfosten eingezapft und unterhalb zur Aufnahme der Bretterbekleidung ausgenuthet ist.

Zum Einfahren in die Zapfen der Pfosten müssen diese seitwärts so hoch, als der Brustriegel ist, ausgeschnitten werden. Der Ausschnitt ist nach Fig. 66. oberhalb des Riegels von Aussen sichtbar und als Motiv einer bescheidenen Dekoration benutzt, im Gegensatz zu Fig. 67., wo jener Ausschnitt wegen der säulenartigen Form des Pfostens unterhalb des Riegels gemacht und dann durch eingesetzte aufgenagelte Klötzchen versteckt ist. In Fig. 67. sind diese Klötzchen bei dem Eckpfosten weggelassen.

Fig. 66.

Fig. 67.

Die Dielen der Decken und Böden sind unter sich und ringsum in die Blockbalken der Wände vernuthet; auch fehlt niemals eine von Aussen vorstehende Keildiele zum Nachtreiben der Uebrigen. Bei älteren Häusern liegen die Dielen des oberen Stocks einzeln zwischen abgefasten Rippen eingenuthet. Der untere Boden ruht gewöhnlich auf mehreren Kellerbalken, der obere dagegen nur auf einem einzigen Unterzug in der Mitte der Giebelzimmer, welcher nach Aussen verlängert zugleich den Laubenboden trägt, dessen Dielen nicht gefalzt sind, um das Regenwasser durchzulassen.

Wie die Blockwände unmittelbar die Dielen tragen, so tragen sie auch ohne die sonst übliche Stuhlconstruction unmittelbar die Dach. Die Dachpfetten gehen nämlich als oberste Wandbalken der am vorderen Giebel liegenden Dachzimmer freitragend bis zum hinteren Giebel, also unverschieblich durch die Wände des Dachzimmers und der Giebel gebunden. Bei grösseren Häusern tragen sich die durchlaufenden Pfetten zwischen den vorderen und hinteren Giebelzimmern über dem mittleren offenen Dachraum frei, und wenn das hintere Giebelzimmer fehlt, so stützen mehrere durchlaufende Blockbalken der vorderen Umfaswände jene Pfetten auf ihre grössere freitragende Länge. Dem Princip nach bleiben diese Constructionen bei flachen wie bei steilen Dächern ganz dieselben.

Die Bauarten in den drei Urkantonen unterscheiden sich untereinander durch mehr oder weniger verzopfte Brettausschnitzereien der Fensterladen wie auch durch die verschiedenartige Bemalung derselben. Auch ist das oberste horizontale Brett über den Fenstern oft zu einer reicheren Dekoration benutzt. Unterschiedlich von der Sitte in den östlichen Kantonen werden hier die Laden beim Schliessen in die Höhe, im oberen Stock oft seitwärts geschoben. Auch kommen bei drei Giebelfenstern beide Arten vor, so dass sich der mittlere Laden in die Höhe, die beiden anderen aber seitwärts schieben lassen.

Im Berner Oberland, wo die zweite der vorgenannten Hauptrichtungen des Blockbaues vertreten ist, finden sich die ältesten und einfachsten Blockhäuser, deren Charakter im Allgemeinen in der Folge festgehalten wurde, zu Meiringen vor. Diese unterscheiden sich von dem Blockbau der Urkantone durch den weiten Vorsprung des Hauptdaches, welcher die sogenannten Klebdächer entbehrlich machte, sodann durch die Form der die Dachpfetten stützenden Balken, welche nach einer graden Linie schief abgeschnitten sind, endlich durch die hier fehlende Ladeneinrichtung.*)

Als einziges Ornament erscheint hier der Würfelfries an einigen Fensterbänken in sehr platter Form längs der Giebelfaçade durchgeführt.

Durch diese Umstände ist schon bei diesen ältesten Bauten das von der Bauart der Urkantone unterscheidende Grundprincip ausgesprochen, wonach die nackte Blockwand das eigentliche Feld für den Schmuck des Baues bildete.

Vom Anfang des 17. Jahrhunderts datiren sodann die grösseren Giebelfaçaden, deren vorgeschobene Stockwerke auf besonders eingesetzten Consolen ruhen und durch die häufige Wiederholung des Würfelfrieses auf den Blockbalken, sowie durch die abgefasten Fenstereinfassungen und durch die schräg abgetreppte Profilirung der Dachpfettenträger wie beim Hause Taf. 26 ein strenges einförmiges Ansehen behielten.

In der Mitte des 17. Jahrhunderts tritt sodann, ohne die vorige Bauart ganz zu verdrängen, die grosse Menge von Variationen in der Ornamentirung der Façaden auf, wobei jene, die vorspringenden Stockwerke stützenden Consolen durch den Bogenfries ersetzt werden, welcher aus den ganzen Balken geschnitten ist. Zugleich erscheinen an der Stelle der abgefasten Fenstereinfassungen andere Profilirungen und die Träger der Dachpfetten sind als eine einzige Console ausgeschnitten. Im Simmen- und Saanen-Thal bis ins Waadtland hinein sind in Gegensatz zum übrigen Oberland schon bei den ältesten Häusern die unteren Stockwerke im Ständerbau und die oberen im Blockbau construirt und lässt sich bei den späteren Bauten dieser Art die ganz ähnliche Entwicklung nachweisen.

Bei den Façaden dieser reicheren Bauperiode mit oder ohne Ständerbau im unteren Stock findet die innere Eintheilung des Hauses ebensowohl ihren Ausdruck durch die oben vorgeschobenen Stockwerke und durch die architektonischen Blockbalken der Scheidewände, als auch die Construction der Wand durch die vervielfältigten horizontalen Gliederungen des architectonischen Schmuckes.**)

Dieser Schmuck concentrirt sich auf die breiten Hauptgurten zwischen den Fenstern der beiden Stockwerke und des Giebels. Seitwärts ist die Eine derselben durch die Brüstungsbretter der Lauben, die Andere durch die Pfettenträger des Daches begrenzt und beide oberhalb durch die stark profilirten Fensterbänke, unterhalb durch die kräftigen Bogenfriese der vorkragenden auf den Fensterdeckhölzern ruhenden Brüstungsschwellen.

Jede dieser Hauptgurten ist sodann durch fein profilirte Streifen oder ausgezahnte Carniese in zwei breite Bänder getheilt. Das Obere derselben enthält die gravirte, schwarz gemalte Inschrift auf weissem Grund, das Untere einen schwach vortretenden Bogenfries oder einen Arabeskenfries von nur 2 mm. Relief.

Mitunter enthält das Fensterdeckholz auch einen Fries und sind die Fensterpfosten und Ständer mit Profilirungen oder Arabesken geziert.

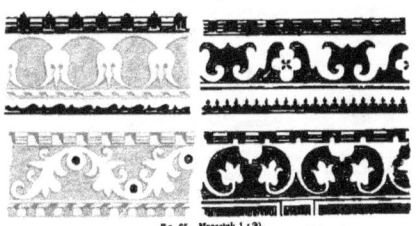

Fig. 68. zeigt einige Friese dieser Art.

---

*) Wenn Laden angebracht sind, so bestehen sie meist aus Klappläden, welche oben um Charnieren drehbar in die Höhe zu heben sind und mit einer Spreitzstange von der Fensterbank aus offen zu halten sind.
**) Siehe den 2. Band von Semper, Der Styl.

In gleichem Reichthum, aber ohne Inschrift, schliesst sich oft die untere Brüstungsgurte der architectonischen Wirkung jener beiden an.

Das Ganze bekrönend, wachsen consolartig profilirte Blockbalken als Träger des weit vorspringenden Daches aus den Seiten- und zum Theil aus den Dach-Wänden, aber in unabhängiger Stellung von den Scheidewänden der beiden Stockwerke. —

Das Elegante und Geschmackvolle dieser Façadenarchitectur beruht hauptsächlich:

1) auf dem entschiedenen Ausdruck der inneren Eintheilung und Construction,
2) auf der Verschmelzung der mannigfaltigsten Details in grössere Massen, welche durch glatte ruhige Streifen oder durch tiefere Schatten auseinander gehalten sind,
3) auf den vorherrschenden Horizontallinien, welche der Wandbildung und dem flachen Dache am besten entsprechen,
4) auf den leider nun fast verschwindenden Malereien, welche die natürliche Holzfarbe nur hier und da durchblicken lassen, dem schwachen Relief einen tieferen Ausdruck geben und die Reflexbeleuchtung der Unterseiten noch mehr hervorheben,*) endlich
5) auf der ruhigen architectonischen Wirkung, welche in Harmonie mit der nächsten Umgebung und in einem gewissen Gegensatze zu der ferneren grossartigen Landschaft steht.

Die Mannigfaltigkeit dieser Façadenarchitectur wird noch durch die verschiedene Anlage der Lauben gesteigert. Aber selbst da, wo Vorlauben am Giebel angebracht sind, bleibt immer wenigstens die Wand eines Stockwerks frei, um die vorerwähnte Dekoration derselben zu zeigen, im Gegensatze zu der Bauart in Tyrol, wo die Vorlauben in allen Stockwerken vor die Wandbrüstungen treten und deshalb diese selbst nicht verziert sind.

Fig. 69. a zeigt die Anlage doppelter Seitenlauben mit beiderseitigen Vortreppen am Giebel. Bei Fig. 69. b sind nur im oberen Stock Seitenlauben angebracht und die Haustreppen zu beiden Seiten sind von Vornen anzutreten; wenn dieselben aber von der Rückseite beschritten werden, so kommen nach Fig. 69. c wieder doppelte Seitenlauben an die vordere Giebelfronte.

Diese verschiedenen Anlagen sind vorzugsweise im Simmen- und Saanen-Thal zu finden; in Brienz, Interlaken und Grindelwald aber verbinden sich damit noch die Vorlauben am vorderen Giebel unter der oben angeführten Beschränkung. Die oberen Vorlauben sind meist um einige Tritte höher als die Seitenlauben angelegt, um den unteren Giebelfenstern mehr Licht zukommen zu lassen. Drei hohe Stufen zu beiden Seiten der Vorlaube führen dann auf die Seitenlauben und ein kleiner Stützpfosten verbindet die Schwellen der beiden Lauben. Die oft sehr langen Brüstungen der Vorlauben sind gegen Schwankungen dadurch gesichert, dass entweder zwei Geländerpfosten bis unter die Consolen der Dachpfetten verlängert und in dieselben verzapft sind oder dadurch, dass ein weniger erhöhter Geländerpfosten mit einem Querriegel an die Vorstösse einer Scheidewand gebunden ist. Jener Riegel erhält einen Schlitzzapfen, welcher durch den Pfosten geht und an seinem vorstehenden Ende einen Holzkeil aufnimmt. — Beide genannten Constructionen sind als Motive für Dekoration der Lauben benutzt worden.

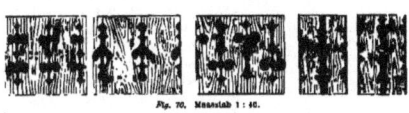

Die Ausschnitte an den Bretterbekleidungen der Lauben sind im Allgemeinen, obgleich sie den Luftzug befördern, sehr sparsam gehalten, indem oft eine Reihe voller Bretter nur durch die Ausschnitte Einzelner unterbrochen ist. Entweder sind die Ausschnitte nach der

---

*) Die am häufigsten vorkommenden Farben sind: grün, schwarz und weiss, auch violett, seltner blau, roth, gelb.

vertikalen und horizontalen Achse symmetrisch wie bei Fig. 70. a oder nur noch der vertikalen Achse wie bei Fig. 70. b, wobei auch, je ein Brett über das andere, abwechselnde unter sich verschiedene Formen vorkommen, oder auch nach Fig. 70. c die gleichen, jedoch umgestürzten Formen.

Wenn aber die Bretter nicht dicht schliessen und in die Ballusterformen übergehen, so wiederholen sich die beiden erstgenannten Verschiedenheiten, wie Fig. 70. d und e zeigen.

Bei der Wahl der Formen und der Art dieser Ausschnitte hat fast jede Landschaft in der Schweiz ihre besondere Vorliebe für gewisse wiederkehrende Profile.

Die Wandbildungen aus rundem unbeschlagenem Holze kommen besonders an Heuspeichern, selbst an Wohnungen in hohen Gebirgsgegenden vor.

Fig. 71.

Fig. 71. stellt einen kleinen Heuschoppen aus dem Haslithale vor, wo viele dergleichen zu finden sind.

Lange Blockbalken, welche nicht durch Scheidewände gebunden sind, werden dort wie Fig 71. zeigt, mit doppelten Zangen gebunden, welche durch mehrere starke Holznägel mit einem dicken achteckigen Kopf von Aussen und Keil von Innen fest miteinander verbunden sind.

Auch werden die Wände von Heu- und Käs-Speichern mitunter nach Fig. 72. aus Halbholz construirt.

Fig. 72.

Bei den Dachwerken kommen nur einzelne kurze auf den inneren Querwänden ruhende Pfosten als Stuhlsäulen zur Unterstützung der langen Dachpfetten vor, da deren Consolen im Inneren des Daches abgeschnitten sind.

Diese Consolen sind nach Aussen aufs Mannigfaltigste ausgebildet, immer aber mit Rücksicht auf die Fugen der Balken so profilirt, dass Letzteren die nöthige Tragkraft verbleibt.

Die dritte Hauptrichtung des Schweizer Blockbaues finden wir im Kanton Appenzell vertreten.

Dort hält das Blockhaus wohl im Ganzen den urkantonalen Charakter fest, unterscheidet sich aber wesentlich dadurch, dass der oft hohen Lage der Wohnungen und der heftigen Stürme wegen, die Blockwände meist ganz überschindelt und die Fenster einzeln zwischen breite Pfeiler gestellt sind, um sie jedes für sich, wie auch die Hausthüren sowohl oberhalb durch ein kleines, dicht aufliegendes Vordach, wie auch seitwärts durch zwei das Vordach schützende Flügelbretter nach Fig. 73. zu stützen.

Ebenso schliessen sich reich profilirte Flügelbretter an die Seitenwände des Hauses an, durch Bugverstrebungen von den Seitenwänden zu dem weit vorstehenden Hauptdach in ihrer luftigen Stellung gesichert.

Bei der Ueberschindelung der Blockwände hindern die Vorstösse der Balken und sind deshalb weggelassen.

Fig. 73.

Die wichtigen Knotenverbindungen der Wände bestehen nun aus einer knotenartigen Verzinkung der hochkantigen Blockbalken, von denen jeder ausser der Schwalbenschwanzform nach beiden Seiten noch eine Nuth und einen Zapfen von 2,2—3 cm. Stärke nach Fig. 74. a, b erhält.

Um die verschiedenen Abmessungen der Breite und Tiefe der Nuthen und Zapfen in genauer Uebereinstimmung auf das Holz vorzureissen, bedienen sich die dortigen Zimmerleute eines eigenen Instrumentes, welches Fig. 74. d in 1/8 der natürlichen Grösse zeigt.

Auch bei diesen Blockhäusern werden die Fensterladen beim Schliessen in die Höhe gezogen und sind hinter der überschindelten Bretterwand der Fensterbrüstung angebracht.

Da alle Wände und vorstehenden Träger dieser einfachen Blockhäuser überschindelt sind, so besteht die äussere Decoration derselben ausser den zierlichen Ausschnitten jener Flügelbretter meist nur in der verschiedenfarbigen Bemalung der Schindeln. Durch die Einzelstellung der Fenster und Verzinkung der Blockwände, wie durch die in der übrigen Schweiz seltener, hier aber meist vorkommenden Pfettenbretchen, hat diese Bauart einige Verwandtschaft mit der von Tyrol.

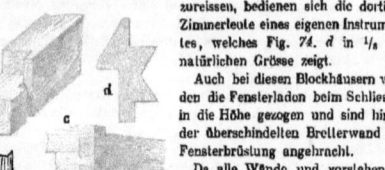

Fig. 74.

Die Blockbauten der übrigen Schweiz schliessen sich im Allgemeinen der Bauart der Urkantone an, so dass uns nur einzelne Unterscheidungen zu erwähnen bleiben.

So zeigt besonders der Kanton St. Gallen gegen Ende des vorigen Jahrhunderts die Einflüsse des barocken Styls jener Zeit in dem geschweiften hohen Bohlendach und in der Bretterschaalung aller Constructionen der Vor- und Haupt-Dächer, um aus deren Unterschieden grosse Flächen für Malereien und Inschriften zu erhalten. Selbst das dorische Gebälke mit Triglyphen findet sich in Verbindung mit dem steilen Giebel an einem Blockhause zu Wattwyl.

Eine andre Bauart dieses Kantons, charakterisirt durch überschindelte verzinkte Blockwände mit gekuppelten Fenstern und dem hohen Ziegeldach scheint in dem benachbarten Vorarlberg Eingang gefunden zu haben, da dort ganz gleiche Bauten vorkommen.

Fig. 75.

Bezüglich der Verbindung der Blockbalken mit Vorstössen ist zu bemerken, dass hier die Versalzungen derselben nach Fig. 75. über Gehrung geschnitten werden, so dass die Fasen sehr scharf schliessen, die Ueberschneidungen aber einen Spielraum von 6 mm. Breite zur Ausdehnung des Holzes erhalten. Fig. 75. zeigt sodann die beim Stoss langer Blockbalken angewandte verzapfte Verbindung mit Holzkeil.

Den Kantonen St. Gallen und Appenzell, welche durch Feinheit der Brettausschnitte sich besonders auszeichnen, kommt in dieser Eigenthümlichkeit der Kanton Freiburg sehr nahe. Unter Anderen werden dort die Oeffnungen über den Scheuerthoren als Feld für reich gezierte Bretterbekleidungen benutzt und nebst dem damit verbundenen Wandverbögungen bunt bemalt.

Im Kanton Glarus ist fast durchgängig das Blockhaus unter Weglassung der Vordächer mit dem weit vorspringenden Hauptdach des Berner Oberlandes verbunden. Dabei sind aber die Dachpfetten nur auf die Hälfte ihrer Ausladung als Köpfe der vorragende Blockbalken unterstützt. Die Köpfe der Letzteren sind wie bei den älteren Häusern im Berner Oberland nach einer durchgehenden schiefen Linie abgeschnitten, an den Kanten ausgekehrt und wie das Profil der Dachpfetten schwarz und roth bemalt. Bei den Wänden findet ringsum nach Fig. 64. (Seite 26.) eine Ausladung über den Fensterbänken des unteren Stocks statt.

Die Lauben sind selten seitwärts, meist am hinteren Giebel unter dem Dachvorsprung angebracht.

Im Kanton Zug und in den an Schwyz grenzenden Theilen Zürichs, machen sich bei den Blockbauten vielfach die Verstrebungen und Dreieckverbindungen des Riegelbaues geltend.

Der Blockbau im Kanton Luzern ist von der Bauart der benachbarten Kantone vielfältig beeinflusst. So finden sich an der Grenze

gegen Bern neben sehr alten Bauten im Styl der Urkantone, Ständerbauten mit geschweiften Dächern nach der späteren Berner Art. Eben so haben vom Aargau her die Uefgehenden alles beschattenden Dächer, und von Zürich her dessen alle Ständerbauten Eingang gefunden. Im Entlibuch, welches zwischen Bern und Unterwalden eingekeilt liegt, zeigt sich eine eigenthümliche Combination des Berner Ständerbaues mit den Spezialitäten des Unterwaldner Blockhauses, wie an dem
Pfarrhause zu Marbach, wo die beiden Stockwerke im Ständerbau, der hohe Giebel aber mit den vielen, gleichweit vorragenden Consolen der Dachpfetten im Blockbau construirt sind.

Im Tessin verbindet sich das Blockhaus nach dem Styl der Urkantone mit dem steileren Dache von Graubünden, und ist mit Gneissplatten von 0,9 m. Länge, 0,6 m. Breite und 0,06 m. Dicke eingedeckt. Ungeachtet des steileren Daches können solche Steinplatten nicht abrutschen, weil sie durch die starken Latten nach Fig. 76. beinahe eine horizontale Lage erhalten.

Das Wohnhaus in der romanischen Schweiz, bei dem sich die Blockwand hinter der Mauer verbirgt, trägt im Ganzen einen so eigenthümlichen Charakter, dass wir zu dessen übersichtlicherer Darstellung die Grundrissanlage nicht wie vorhin von der Construction der einzelnen Theile trennen, sondern Beide im Zusammenhang hier am Schlusse behandeln. —

Im Ober- und Unter-Engadin und im Albulabezirk, Kanton Graubünden, zeigen die Wohnhäuser sowohl in der Grundrissanlage als auch in der Construction eine Mischung südlicher und nördlicher Traditionen. So schliesst sich an das Atrium oder an die grosse Vorhalle das deutsch eingerichtete Wohnzimmer; der südliche in Sgraffito gezierte Steinbau verbindet sich mit dem nördlichen Blockbau und im Süden enger zusammenliegenden Dachpfetten tragen das nördliche Schindeldach mit seinen kräftigen Sparren. Selbst die Inschriften auf allen Häusern zeigen zugleich lateinische, romanische und deutsche Sprüche. Ausser diesen südlichen und nördlichen Einflüssen finden wir auch von Osten her die Einwirkung der Tyroler Holzbaues in den am Giebel häufig offenen stehenden Dachstühlen, in dem die Ausladung des Daches stützenden Gitterwerk, in den an der Firstspitze sich kreuzenden Pferdeköpfen und in den reich ausgestatteten Lauben der Speicherbauten.

Nach dem Grundriss eines solchen Hauses, Fig. 77 sind Haus, Stall und Heuboden unter gleichem Dach, da man dort gewöhnlich keine Ställe auf den Gütern hat.

Die Wohnung steht mit der Giebelseite nach der Strasse in schiefer Richtung gegen die Mittagslinie; dahinter ist der Heuboden, unter dem die Stallungen liegen. Durch die grosse Einfahrt der Giebelseite gelangen die Heuwagen zu dem hinteren Speicher und durch ein kleineres tiefer liegendes Thor geht das Vieh in die hinteren Stallungen. Das Niveau der Strasse fällt zwischen die Schwellen der beiden Thore, zu denen gepflasterte Auf- und Ab-Fahrten führen. Letztere sind durch eine Stützmauer getrennt, welche mit einem Brett bedeckt, der Familie als Ruhebank in der Abendkühlung dient. Nur selten liegt das Hauptthor mit der Auffahrt seitwärts am Giebel oder dient ein einziges Thor zum Eingang für Menschen und Thiere.

In der Mitte des grossen Einfahrtthores ist die Hausthüre, der Höhe nach zweitheilig, angebracht und führt in die ganz von Stein erbaute Vorhalle a. Die Decke derselben ist entweder mit sehr starken Balken construirt oder überwölbt und der gedielte Boden in mässiger Steigung zum Hinteren angelegt. Seitwärts von dem Thore und der Durchfahrt ist ein Fenster mit Tisch und Bank, wo im Sommer gespeist wird. Ausserdem dient die Halle zur Niederlage von Ackergeräthen, zur Verrichtung häuslicher und landwirthschaftlicher Geschäfte und führt als Centralpunkt des Hauses, wie bei der römischen Einrichtung, zu allen Räumen desselben Stocks und im Anschluss ans Stammhaus zu den Stallungen und Kellern unterhalb, wie zu den Kammern und Heuspeichern oberhalb. Aus der Halle führen einige Stufen zu dem Wohnzimmer b. An der Schwelle dieses Zimmers hört der Stein-

bau auf und wir finden im Innern desselben die übertäfelten Blockwände und die gleiche schmucke Einrichtung wie in der ganzen übrigen Schweiz. Die angrenzende Küche c ist überwölbt und mit einem nach Aussen vorgebauten Backofen versehen. Eine Oeffnung mit Schiebeladen ist in der Scheidewand des Wohnzimmers angebracht.

Im oberen Stock führt gewöhnlich ein gewölbter Gang in der Mitte des Giebels zu den beiderseitigen Kammern, welche zum Theil auch überwölbt sind, da die Landessitte rohes Fleisch an der Luft zu trocknen, immer eine gewölbte Kammer mit Zuglöchern bedingt.

Die zweiarmige steinerne Treppe d ist eben so häufig durch alle Stockwerke überwölbt, so dass sich unter Andern in Bergün ein Haus mit vierzehn überwölbten Räumen befindet. Bemerkenswerth dabei ist die Leichtigkeit der Wölbungen und deren zuweilen durch Balken und grosse Holzkeile verankerten Widerlager, welche aus rauhen Feld- oder Bruch-Steinen mit sehr gutem, dick aufgetragenem Mörtel als Tonnen- oder Kreuz-Gewölbe ausgeführt sind.

Mit nur 18—30 cm. Scheitelhöhe und 60—80 cm. starken Widerlagern sind Spannweiten bis zu 7,2 m. überwölbt. Die Mauern des Heuspeichers sind von grossen überwölbten Oeffnungen durchbrochen, welche mit ausgeschnittenen Brettern verschlossen werden.

Am hinteren Giebel ist meistens eine Laube vorgebaut und eine Thüre mit Treppe führt vom Heuboden auf die Wiese, auf welche auch oft die Thiere durch einen besonderen Ausgang Zutritt haben.

Die Giebelfaçaden erhalten mitunter dadurch ein sonderbares Ansehen, dass der Theil des Giebels, welcher der Breite des Wohnzimmers entspricht, unter der grossen Dachausladung soweit vorgeschoben ist, dass man aus dem Wohnzimmer seitwärts auf die Strasse sehen und eine bequeme Auffahrt zu dem Hauptthor anlegen konnte. Bei grösseren Wohnhäusern liegt noch eine Kammer an der andern Seite der Halle und für zwei associrte Familien wiederholt sich die ganze Einrichtung längs der Strasse, beide durch die mittlere Giebelmauer getrennt. Das rauhe Klima dieser hochgelegenen Thäler bedingte wohl bei den bewohnten Räumen die Verstärkung der Aussenseite des Blockwand durch vorgesetzten Mauern. Diese wurden 45—54 cm. dick erst später nachdem sich das Holzwerk gesetzt hatte und das Haus schon bewohnt war, im Anschluss an die übrigen Mauern des Hauses erbaut. Noch jetzt findet man alte Häuser in Bergün, bei denen die Ausmauerung der Blockwänden der Wohnzimmer fehlt.

Die Vorstösse der vierkantig beschlagenen 12 cm. dicken, oft 48 cm. hohen Blockbalken sind abwechselnd kürzer oder länger als 20 cm., meist schief abgeschnitten, um verzahnt in das Mauerwerk einzugreifen.

Die Bekleidungsmauern treten mitunter gestützt auf Consolen und Bogen in Stein vor die Sockelmauer; auch wurden bei jedem Stockwerk zur zuverlässigen Senkung der Mauern Holzschwellen an der Aussenfläche eingemauert.

Die Thüren und Fenster sind wegen der Kälte so klein als möglich gemacht, die Thüren oft so niedrig, dass man sich beim Eintreten bücken muss und die Fenster verengen sich durch starke Abschrägungen der Mauergelände trichterförmig von Aussen nach Innen bis zu vier kleinen quadratischen Glasschaltern, deren jeder ein gleich grosses Holzlädchen vor sich hat. Zu beiden Seiten des Fensters sind im Anschluss an die Blockwand Holzkasten eingemauert, in welche je zwei Glasschalter und zwei Holzlädchen in Nuthen laufend seitwärts geschoben werden können. Zu diesen Zwecke sind auch die Futterrahmen der Fenster und Laden mit ihren Nuthen dicht vor den Fensterpfosten befestigt. Die gemauerte Schräge über dem Fenster ruht auf einer dicken, durch die Leibungen gestützten Bohle. Ebenso sind die inneren Leibungen da überdeckt, wo die Fenster bei sonst gleicher Einrichtung, in die volle Mauer eingesetzt sind. Die oft sehr reiche eiserne Vergitterung der Fenster von Aussen haben wir auch durch zierliches Holzgitter ersetzt gefunden. Wie bei den Thoren, so herrscht auch in Grösse und Stellung der Fenster die ausgesuchteste Irregularität, welche durch die Höhenunterschiede der Holzdecken und Gewölbe sowohl, als auch dadurch bedingt warde, dass man wegen der geringen Aussicht Balkons der Erkerchen, welche einen hervorstehenden Winkel bilden, anbrachte. Die Holzdecken der bewohnten Räume sind meistens eben, kommen jedoch auch in einer flachen Wölbung vor, so dass sie oberhalb der Fussboden, wenn auch abgerundet, benutzt werden. Sie bestehen aus Bohlen, welche einzeln in abgefalste Rippenhölzer eingenuthet sind.

Die Dächer sind mit kurzen dicken Schindeln auf Latten eingedeckt; am Dachfuss und an der First liegen dagegen 1,8 m. lange Bretter in mehreren Schichten überbunden auf einander, weil das Dach, der steileren Neigung wegen, nicht mit Steinen belastet wird.

Die beiden Giebel sind entweder ausgemauert oder zeigen offen den stehenden Stuhl.

Fig. 78

Oft bilden auch die Blockbalken der beiden Giebel mit den Dachpfetten nach Fig. 78. eine sehr primitive durchbrochene Wandconstruction.

Die grossen Mauerflächen der Façaden sind durch eigenthümliche Sgraffitomalereien belebt. Hierbei erscheint das Ornament weiss auf dunklem Grund, seltener umgekehrt', zuweilen auch auf kreuzweise schraffirtem Grund.

Der dunkle Grund besteht aus einem rauhen Spritzbewurf, welcher aus einem grauen Sande bereitet ist und das ganze Gebäude bedeckt.

Ueber diesem wurden die zu bemalenden Flächen nach der Schablone mit weissem Mörtel glatt aufgerieben und die Zeichnung auf diese Fläche mit 3 mm. breiten und tiefen Strichen eingerissen, so dass der graue Untergrund zum Vorschein kam. Die Striche dienten als Anhaltspunkte für die meist dunkelgraue, mitunter auch zinnoberrothe und kobaltblaue Bemalung zur Hervorhebung des weissen Ornamentes; auch erleichterten sie spätere Reparaturen, wodurch sich diese Malereien Jahrhunderte lang erhalten haben und gerade durch ihre scharfen und tiefen Conturen auf grosse Ferne noch eine deutliche Wirkung hervorbringen.

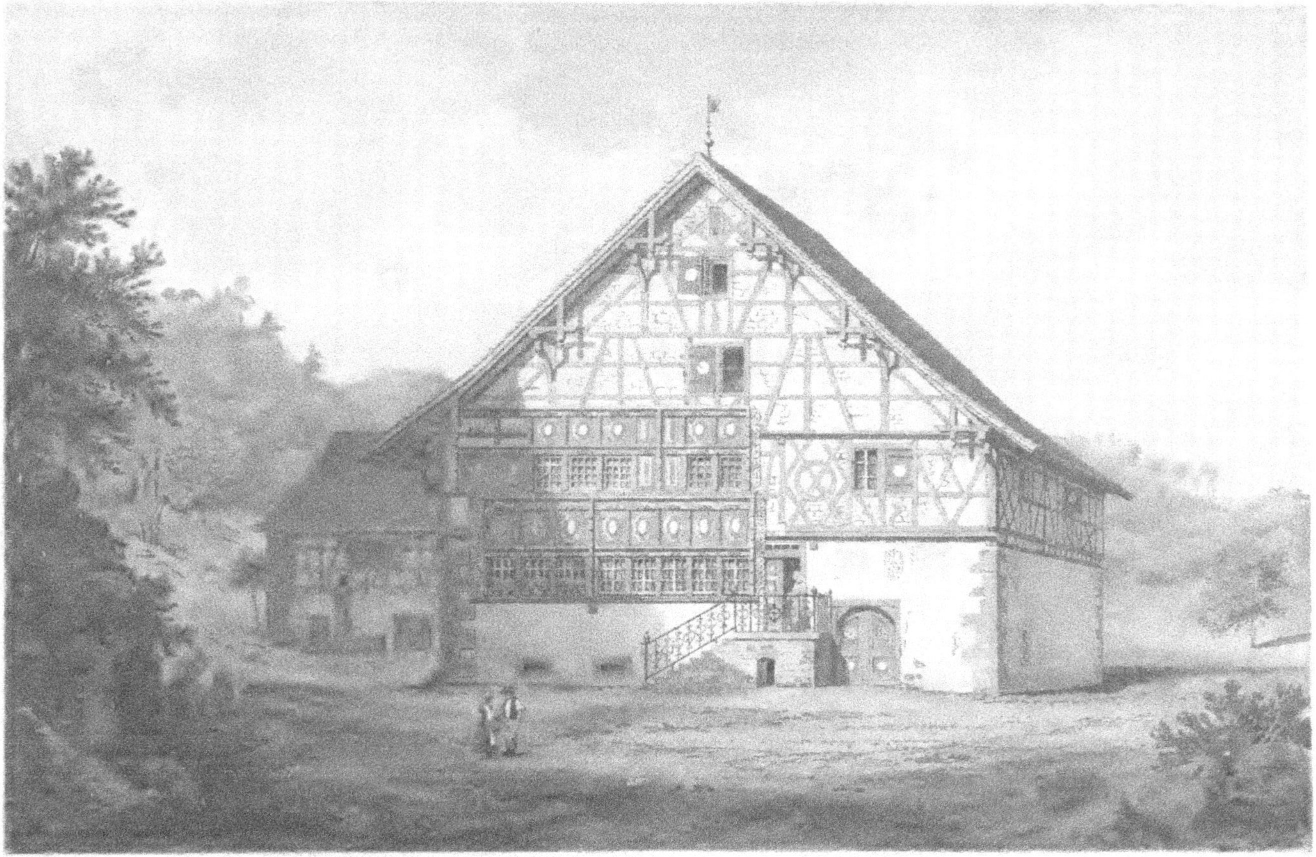

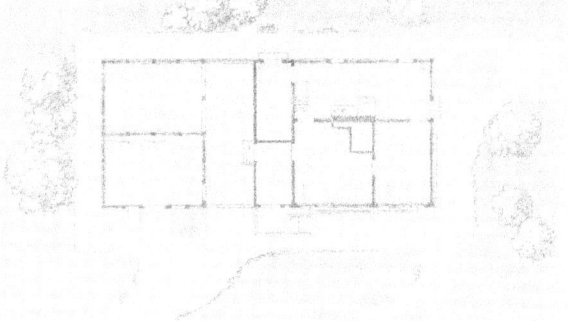

HAUS DES FRIEDENSRICHTERS HUBER IN MEIRINGEN

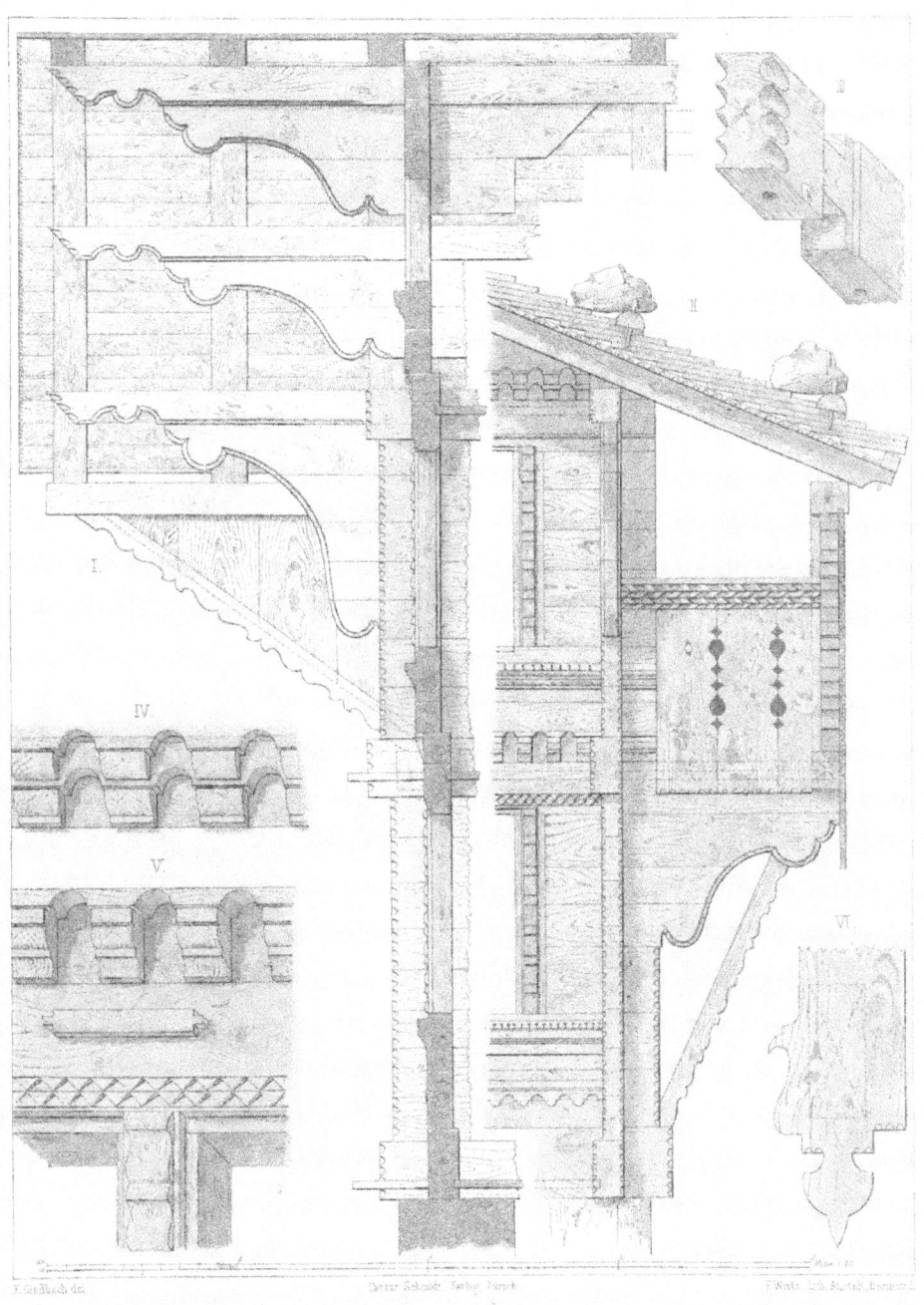

HAUS DES FRIEDENSRICHTERS HUBER IN MEIRINGEN.

HAUS LANG IN WYTIKON

HAUS AM RANK BEI ZÜRICH

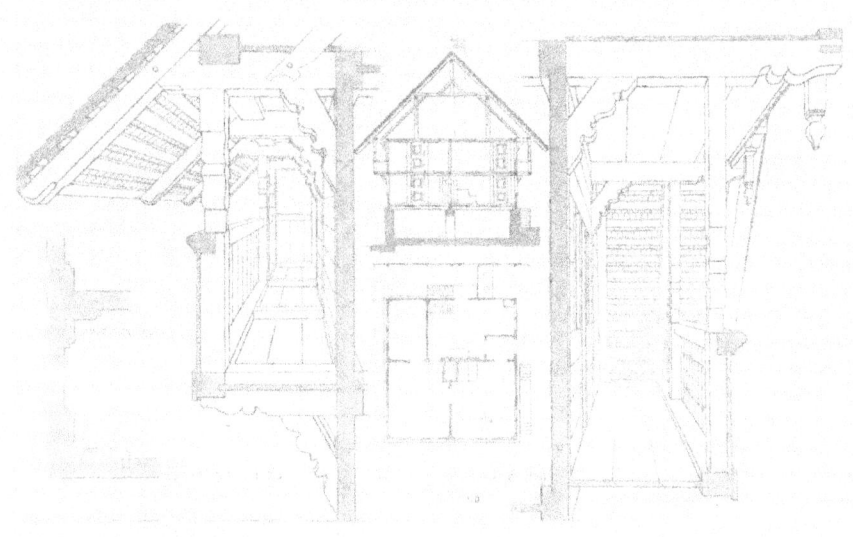

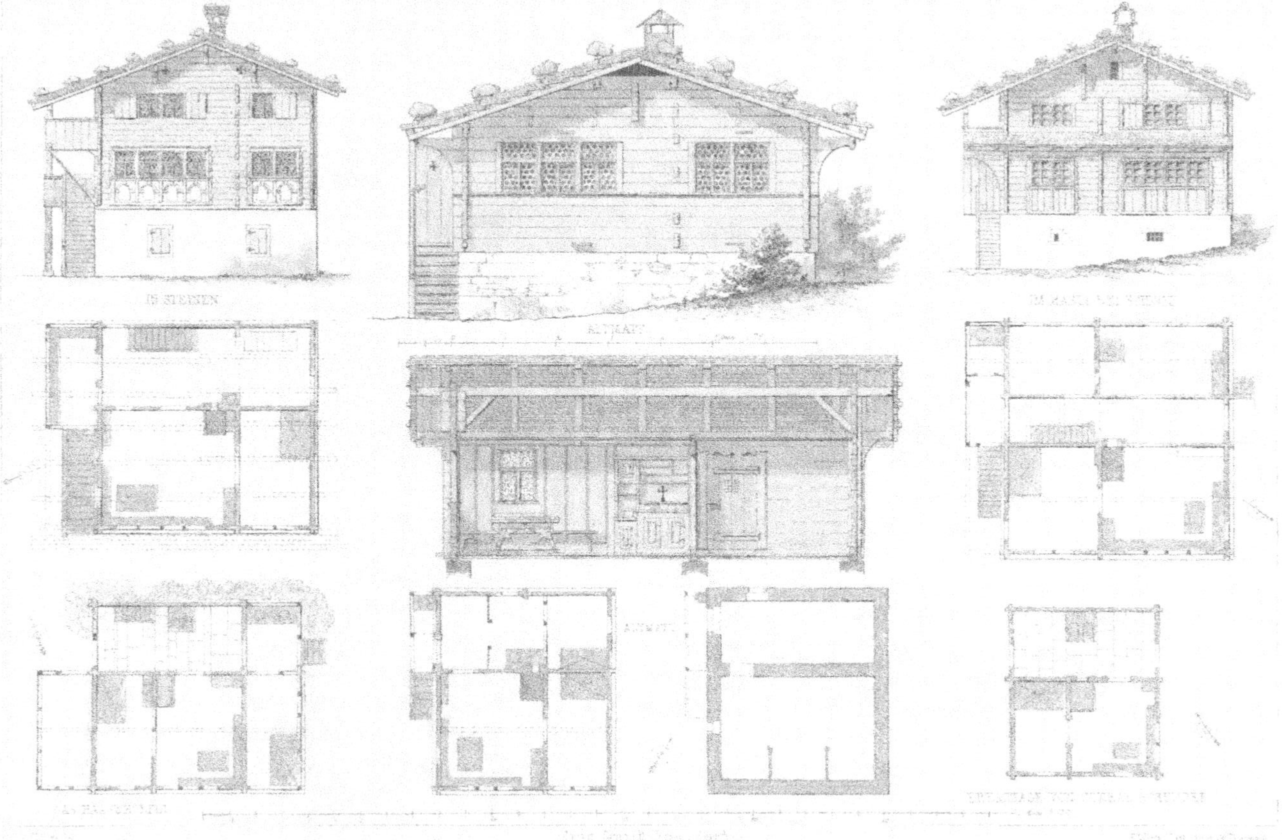

WOHNHÄUSER IM CANTON SCH[illegible]

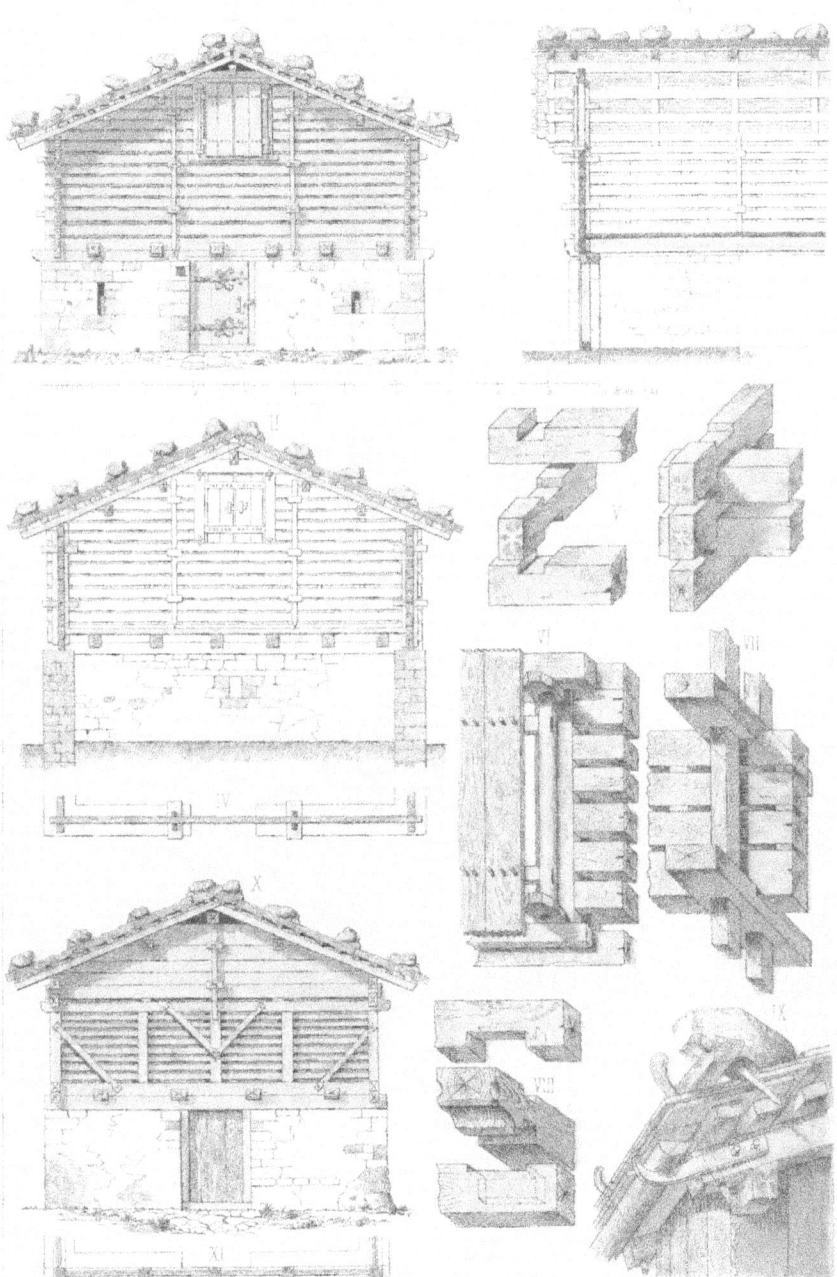

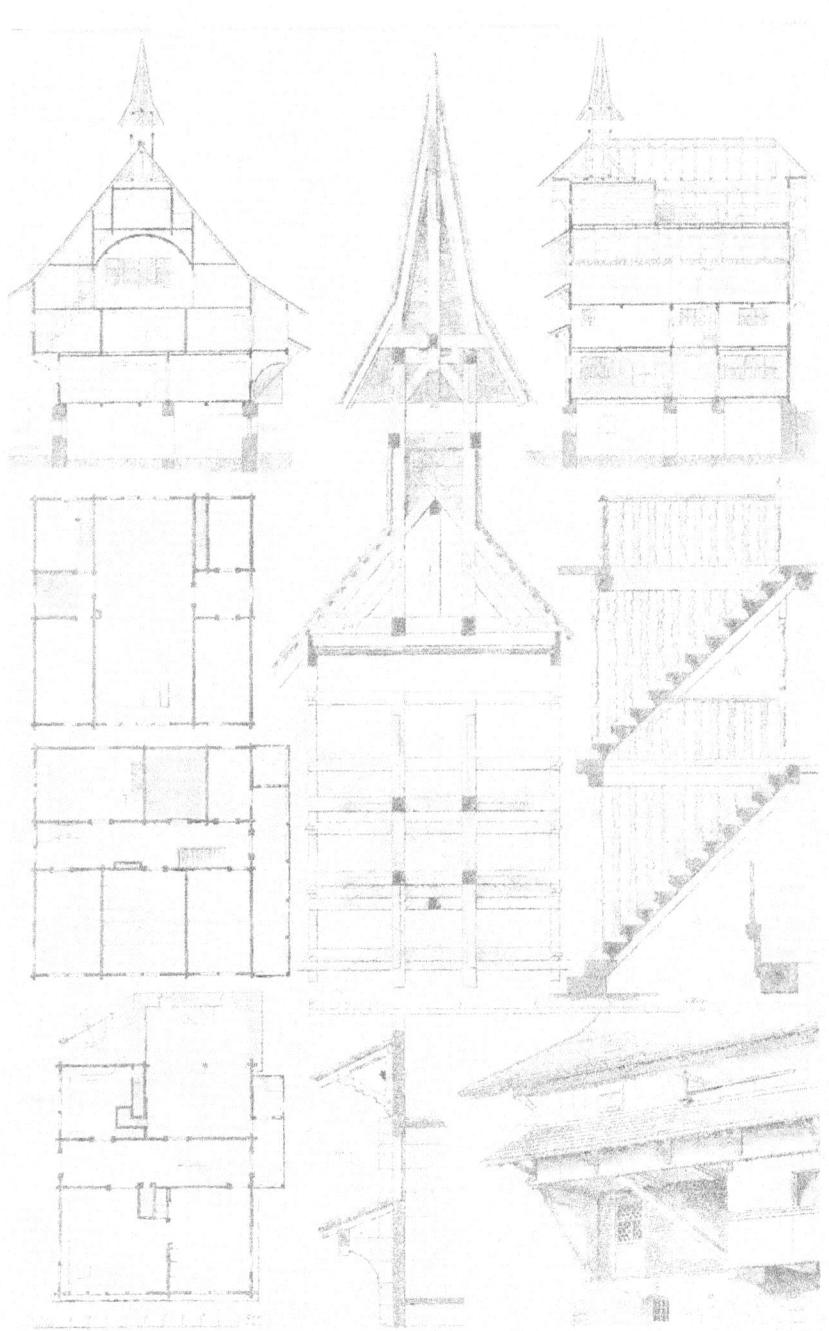

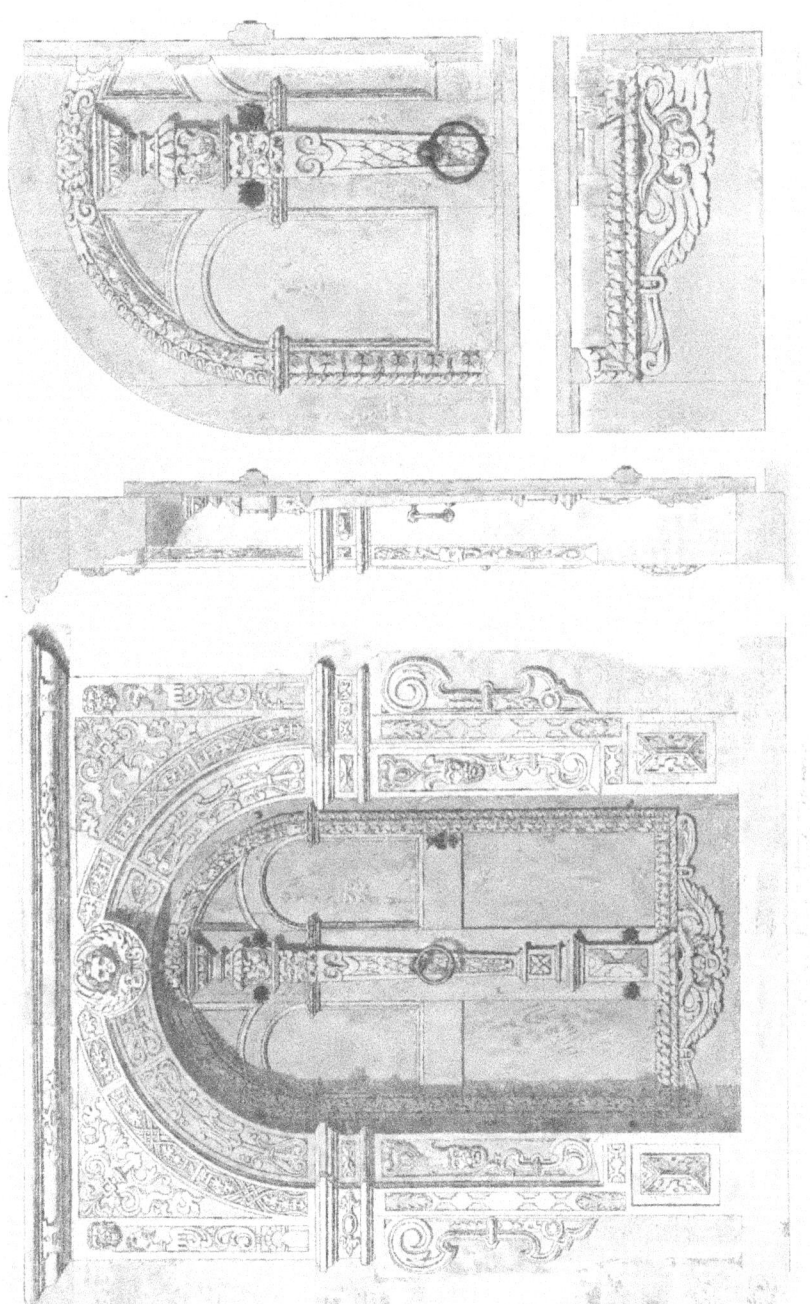

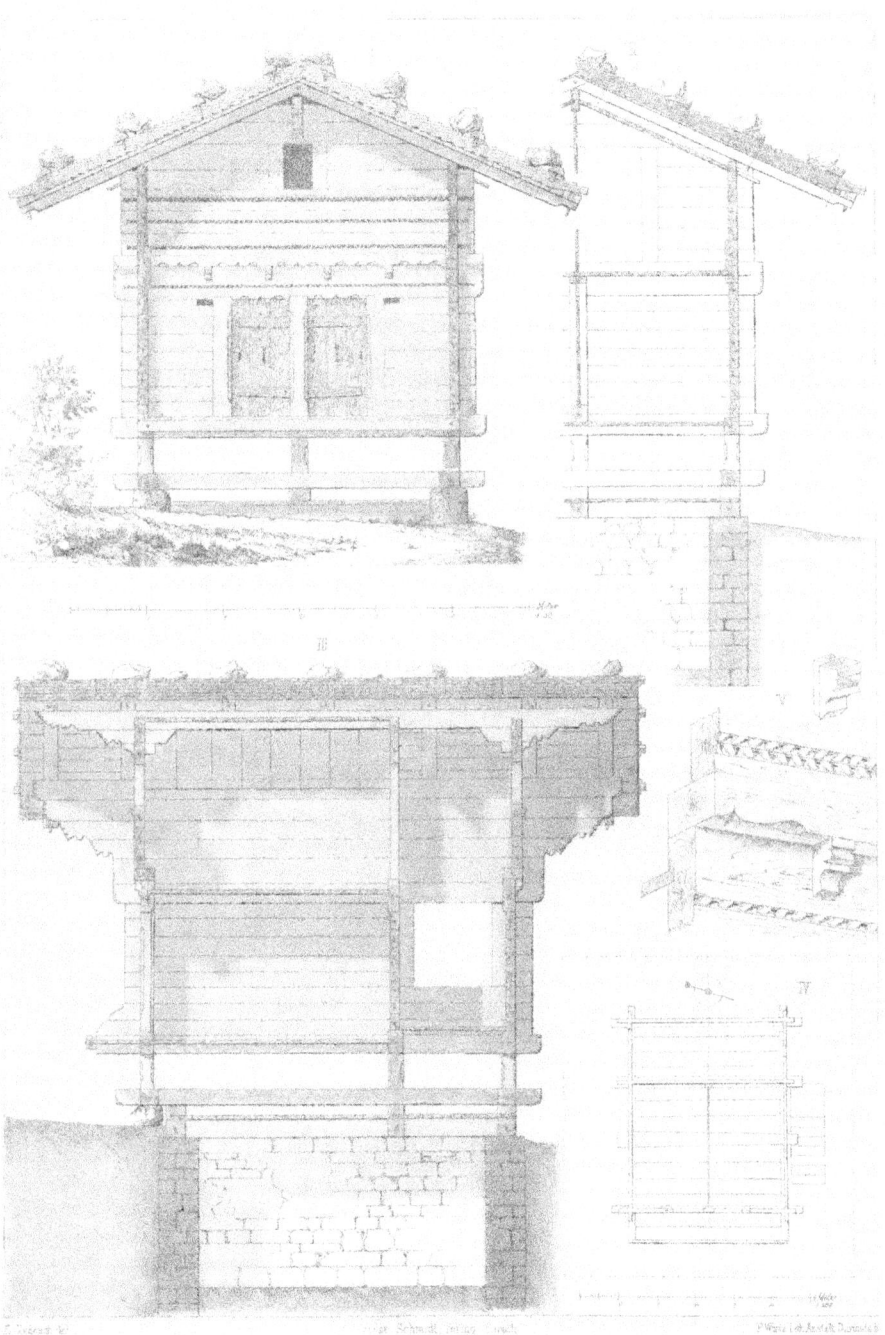

KAESSPEICHER IN BOENIGEN.

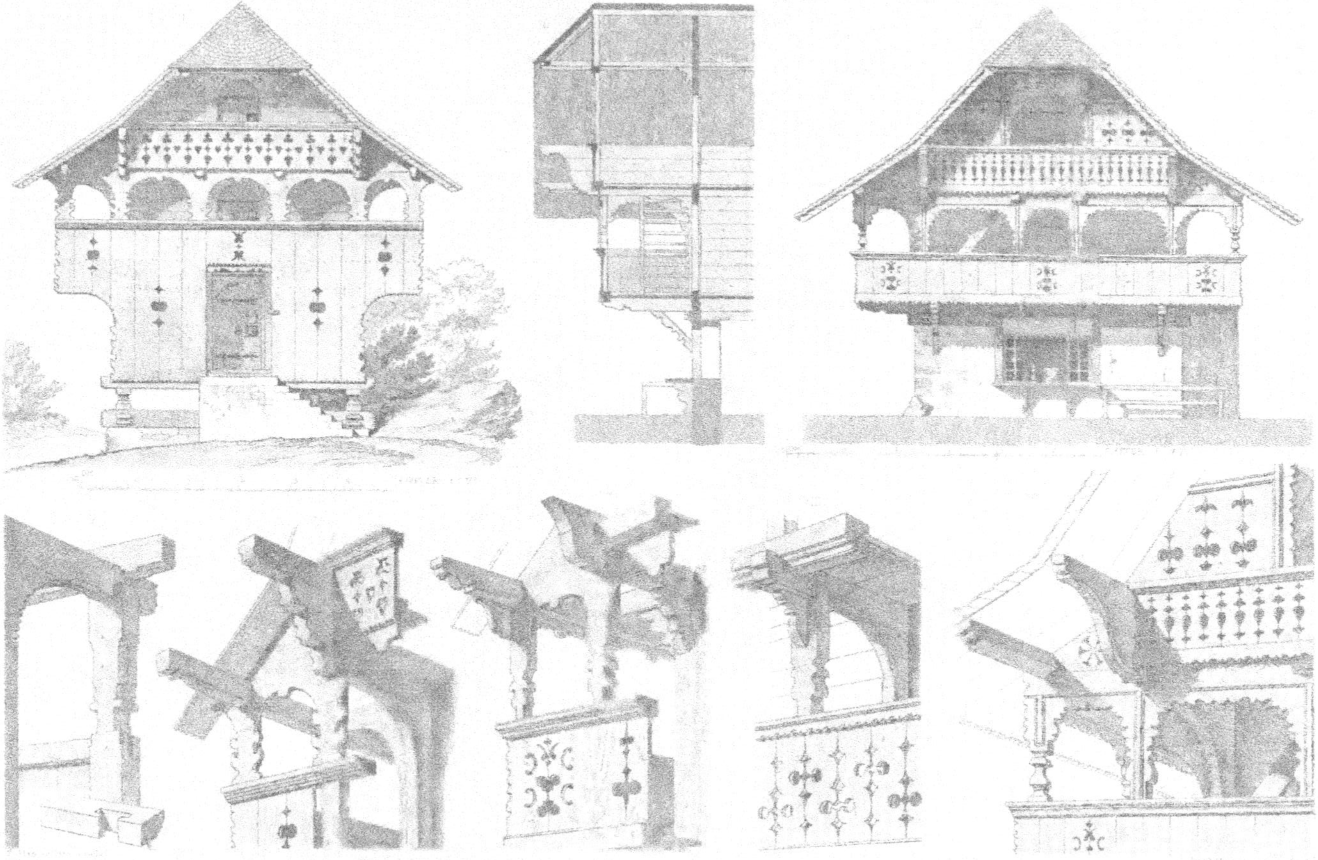

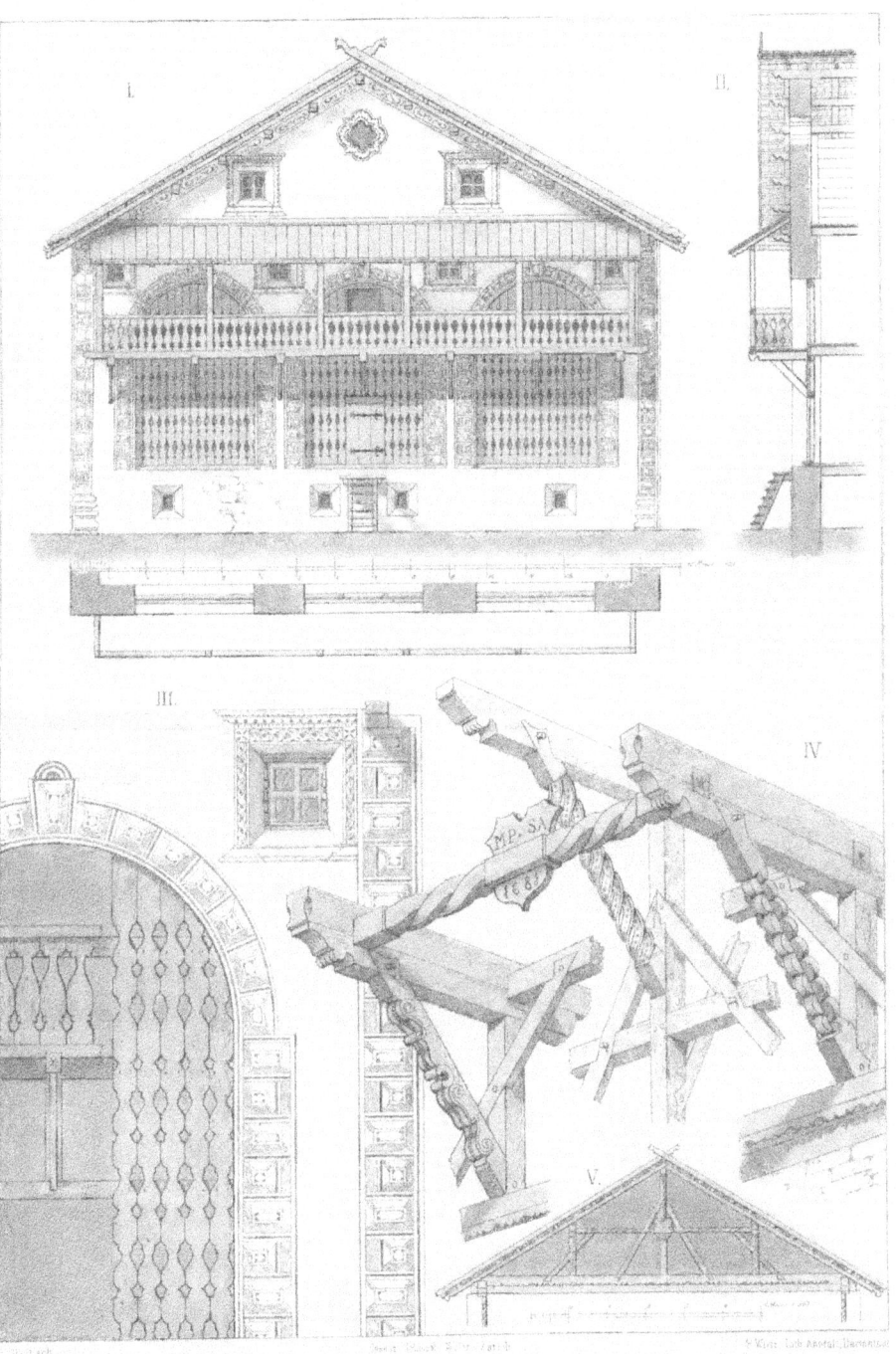

DER

SCHWEIZER HOLZSTIL

IN SEINEN

KANTONALEN UND KONSTRUKTIVEN VERSCHIEDENHEITEN

VERGLEICHEND DARGESTELLT

MIT

HOLZBAUTEN DEUTSCHLANDS

VON

ERNST GLADBACH,
WEILAND PROFESSOR AM POLYTECHNICUM ZU ZÜRICH.

ZWEITE SERIE.

ZWEITE AUFLAGE.

ZÜRICH.
VERLAG VON CAESAR SCHMIDT.
1897.

Inhalt.

	Seite		Seite
Einleitung	3	Haus in Orlisch . . . . . . mit Tafel 12 . . . 19	
Marktstrasse zu Stein am Rhein . . . mit Tafel 1 . . . 4		Haus in Kippel . . . . „ „ 13 . . . 23	
Gasthaus von Konrad Oisler zu Flaach . . . „ „ 2 . . . 5		Ein Alpenhaus im Lötschenthal und das Schulhaus in Steg „ „ 14 . . . 24	
Haus am Obersteg zu Bettelried . . . „ „ 3 . . . 7		Haus in Vex . . . . „ „ 15 . . . 26	
Speicherbau und Wohnhaus zu Sachseln . . . „ „ 4 . . . 8		Wohnhäuser in Kippel und Hérémence . . . „ „ 16 . . . 27	
Wohnhäuser von Charmey und Weibelsried . . . „ „ 5 . . . 10		Wohnhaus in Samvix und Klosterkirche in Disentis . . „ „ 17 . . . 29	
Wohnhäuser aus Jaun . . . . . . „ „ 6 . . . 11		Häuser und Kirche in Samvix . . . . „ „ 18 . . . 30	
Das alte Pfarrhaus in Jaun . . . . . „ „ 7 . . . 13		Speicher und Stallbauten in Kippel und Chamutt . . „ „ 19 . . . 31	
Speicherbauten von Riedstätten und Schwarzenburg . . „ „ 8 . . . 14		Haus in Gschwend bei Hütten . . . . „ „ 20 . . . 33	
Häuser aus Schwarzenburg . . . . . „ „ 9 . . . 15		Deutsche Block- und Ständerbauten . . . „ „ 21 . . . 33	
Häuser und Fruchtspeicher von Schwarzenburg . . . „ „ 10 . . . 16		Speicherbauten verschiedener Kantone . . . „ „ 22 . . . 35	
Wohnhaus in Jenaz . . . . „ „ 11 . . . 18		Wohnzimmer aus Wolfenschiessen . . . . „ „ 23 . . . 36	

Einleitung.

Das Werk des Unterzeichneten „Der Schweizer Holzstil" ist aus dem Verlag des Herrn Karl Köhler in Darmstadt in den des Herrn Caesar Schmidt in Zürich käuflich übergegangen. Die wachsende Teilnahme des architektonischen Publikums an diesem Unternehmen hat einen zweiten Abdruck nötig gemacht und die Hoffnung erweckt, dass eine Erweiterung der ersten Auflage durch eine zweite Serie bei vielen Fachgenossen eine gleich günstige Aufnahme finden möchte. Es sind nämlich einzelne Kantone der Schweiz, besonders diejenigen, wo der Steinbau vorherrscht, in der ersten Auflage wenig oder gar nicht vertreten, während bezüglich der Verbindung von Holz- und Steinbau in der Schweiz manches Mustergiltige sich noch erhalten hat. Ebenso bietet die grösstenteils verloren gegangene Malerei der alten Holzhäuser dennoch manche Überreste, welche den früheren Glanz erkennen lassen und verdienen durch getreue Darstellung in Farben erhalten zu werden. Fernerhin sind nun 15 Jahre seit Erscheinen der ersten Serie verflossen, und glaubt der Verfasser manches in derselben unberücksichtigt gelassen zu haben, was er in dieser zweiten Serie zu ergänzen wünscht.

Unterdessen sind seine Augen nicht mehr wie früher imstande, die Aufnahmen selbst auf Stahl zu radieren, weshalb er es der umsichtigen Thätigkeit seines jetzigen Verlegers, Herrn Caesar Schmidt, allein zu danken hat, dass diese neuen Tafeln nach mehreren kostspieligen Versuchen der photographischem Wege der Radierungen auf Stahl wenigstens so nahe als möglich gekommen sind.

Der Text zu dieser zweiten Serie wird sich auf die Beschreibung der einzelnen Tafeln, unter Einschaltung der nötigen Grundrisse und Details, mit Verzichtleistung auf deren systematische Anordnung in kantonaler oder konstruktiver Beziehung in ungebundener Reihenfolge beschränken.

Zürich, den 1. Januar 1883.

Ernst Gladbach.

Marktstrasse zu Stein am Rhein.
(Tafel 1.)

Die Erbauung der hier dargestellten Häuserreihe in dem zum Kanton Schaffhausen gehörigen Marktflecken Stein am Rhein fällt ihrem Baustile nach in die Zeit von der Mitte des 16. bis zur Mitte des 17. Jahrhunderts.

Das mittlere Haus zeigt uns im obersten Stockwerk und im spitzen Giebel den Riegelbau der damaligen Zeit in reicher Stützkonstruktion des weit vorspringenden Daches.

Zu den teilweise in spätgotischen Formen aus krumm gewachsenem Holze bearbeiteten Riegeln müssen wir bemerken, dass zuweilen die sogenannten gotischen Nasen eine feinere Ausbildung nach Art des Steinbaues in Form eines Blattes erhielten. Weil nun diese feineren Formen nicht wohl aus dem ganzen Holze ausgeschnitten werden konnten, so bediente man sich nach Fig. 1 (untere Hälfte) ganz einfacher Ausschnitte, worin die Form des Blattes eingerissen werden konnte. Der Blattgrund wurde sodann um einige Millimeter rauh vertieft, so dass der die Backsteingefache überziehende Kalkbewurf und weisser Anstrich auf dem rauhen Holzgrund genügenden Halt fand, und der Zweck: die reine Blattform nach Fig. 1 (obere Hälfte) zum Ausdruck zu bringen, durch diese kleine Täuschung vollkommen erreicht wurde.

Fig. 1.

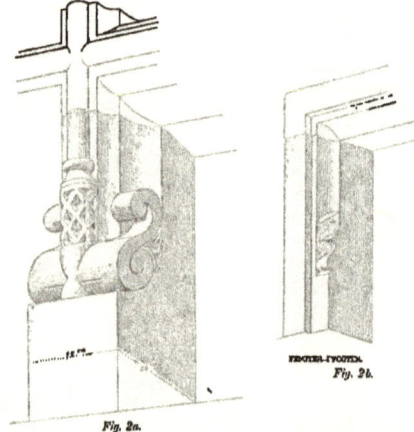

Fig. 2a.

Fig. 2b.

Die in Hohlkehlen profilierten steinernen Fensterpfosten zeigen an ihren Füssen, Fig. 2a und b, verschiedene Arten des Übergangs aus dem Viereck in das Profil der Umrahmung, welche dann auch in der Holzarchitektur derselben Zeit adoptiert wurden.

Im allgemeinen ist der Anschluss der profiliert abgefassten Kanten an die viereckige Auflagerstelle um jene Zeit aus der hohlkehlartigen Fase des gotischen Stils nach den Formen der Renaissance in der mannigfaltigsten Weise umgewandelt und als Dekorationsmotiv ausgebildet worden. Wie beim Auflager der Fensterpfosten, können wir dieses beim Auflager der vorstehenden und abgefassten Deckenbalken beobachten. (Vergleiche Fig. 11.) Die Malereien auf den Wandflächen dieser Häuser sind durch Alter sehr verblichen. Die dargestellten Gegenstände beziehen sich auf allgemein bekannte Scenen teils alttestamentarischer, teils altrömischer Geschichte. Damit wechseln einzelne allegorische oder mythologische Figuren in den Trachten der damaligen Zeit. Auch ist die Zeit der Reformation durch einen Prediger vertreten, der seine Gemeinde im Freien erbaut.

Von den hier gezeichneten Erkerbauten ist nur der vordere von gehauenen Steinen, die übrigen sind von Holz.

Das vordere Gasthaus zum roten Ochsen zeigt diesen braunrot gemalten Repräsentanten auf himmelblauem Grunde zwischen jonischen Pilastern und ist in der Geschichte der deutschen Renaissance von Wilhelm Lübke (Seite 239 I. Hälfte) beschrieben.

Gasthaus von Konrad Gisler zu Flaach.

(Tafel 2.)

Das zum Kanton Zürich gehörende grosse Pfarrdorf Flaach liegt am Fuss des Irchel, unweit vom Einfluss der Thur in den Rhein. Es enthält noch mehrere Häuser aus der Mitte des 17. Jahrhunderts, welche leicht an den zinnenartig abgetreppten Giebelmauern der Westseite und an den in Riegel und Fachwerk konstruierten Traufseiten, hier und da mit vorgebauten Holzgalerien, zu erkennen sind. Unter diesen ist die alte Mühle am Ortsbach durch ihre an der einen Traufseite erbaute Doppelgalerie, Fig. 3, bemerkenswert, wobei jedes Stockwerk sechs freistehende Pfosten enthält und die Laubenbretter zwischen denselben die gleichen Ausschnitte haben wie auf Tafel 2.

Das auf Tafel 2 dargestellte Haus vom Jahr 1642 zeigt uns die in der Ostschweiz übliche Bauart, wonach die Wohnräume nebst Stallungen, Scheunen und Remisen alle unter ein und demselben hohen Satteldach untergebracht sind.

Hierbei ist der Parterrestock mit Ausnahme der inneren Tennenwände, sowie der ganze westliche Giebel von Bruchsteinen, alle übrigen Wände des Hauses aber im Riegelbau mit Backsteinen ausgeführt.

Die südliche Traufseite, Fig. 4, bildet mit dem die Wohnräume besonders hervorhebenden und mit zwei stattlichen Galerien geschmückten Holzgiebel die Hauptfronte, in der auch die Hausthüre sowie die Scheuer- und Stallthüren liegen.*) Über letzteren ist noch eine lange Laube vorgebaut, deren stützende Holzpfosten auf steinernen Unterlagen nach Fig. 5 eine eigentümliche Ausbildung erhielten. Der Grundriss, Fig. 6, zeigt die dem seitlichen Eingang entsprechende Einrichtung nach der allgemeinen schweizerischen Anlage, indem sich an den durchziehenden Hausgang die Wohnzimmer und Küche anschliessen, worauf zunächst zur Rechten der Kuhstall, sodann die

Fig. 3.

Fig. 4.

Scheuertenne und weiter der Pferdestall mit den Wagen- und Holzschuppen folgen.

Gegen Norden ist im Hofraum wieder eine Laube oben vorgebaut, welche den Abort enthält und unterhalb einen Schweinestall.

Eine breite steinerne Treppe am Ende des Hausgangs führt zu dem geräumigen, mit starkem eichenen Gebälke bedeckten Keller,

welcher den Raum unter dem Hausgang, der Küche und dem westlichen Wohnzimmer umfasst. Die Holztreppe zu dem oberen Stock liegt in dem zu diesem Zweck erweiterten Hausgang.

Der Dachstuhl ist schon von aussen am Giebel als einfacher stehender Stuhl charakterisiert.

Die Hausthüre ist in ihrem mittleren Teil reich profiliert, verdoppelt aus stehenden, innen glatten und schrägen, aussen profilierten Brettern, innerhalb mit zwei Einschubleisten verstärkt, welche zur Aufnahme der eisernen Langbänder dienen.

---

*) Das Scheuerthor ist wie in Fig. 4 angeführt, auf Tafel 2 dagegen nach der im benachbarten Kanton Thurgau üblichen Weise dargestellt.

Fig. 5.

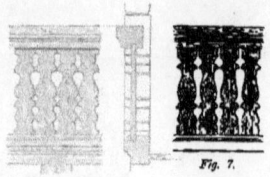

Fig. 7.

links unter den beiden Bögen ist je ein Wappen mit den Worten „Pax duro" und „Respice Finem" in lateinischen Lettern keilförmig eingeschrieben. Die hier immer wiederkehrende Grundform der Bretter- und Holzausschnitte zeigt uns das langgestreckte lateinische S, welches sich ungezwungen der natürlichen Holzfaser anschliesst und das Reissen der Bretter an der Sonne unschädlich macht. Fig. 7 stellt die Brett- ausschnitte der verschiedenen Lauben dar. Würden wir hierzu eine

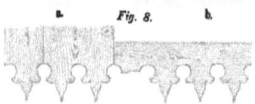

Fig. 8.

Die Bodendielen der beiden Giebellauben sind durch kleine schräglegende Balken in halben Überschneidungen gestützt, welche die Unteransichten durch die rautenförmigen weiss und blau gemalten Kassetten zwischen den braunroten Balken schmücken. Alles Holz- werk der Hauptfronte ist braunrot angestrichen; die Malereien der Dachuntersichten bestehen aus weissen Rankengeflechten und weissen Blatt- und Blumenformen auf schwarzem Grunde, wobei alle noch schwärzeren Umrisse, sowie die Blattrippen und deren Schattierungen

Form wählen, welche tiefer ins Holz einschneidet, so müsste der tiefere Einschnitt nach Fig. 8a in der Richtung der natürlichen Holzfaser ge- schehen, wie wir es bei allen älteren Holzbauten finden. Trotzdem sehen wir oft bei Neubauten solche Einschnitte nach Fig. 8b diametral der Holzfaser entgegengestellt, welche Unnatur sich dann durch Ab- springen der einzelnen Teile rächt.

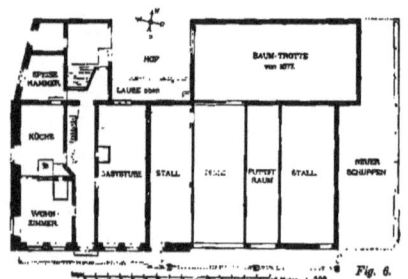

Fig. 6.

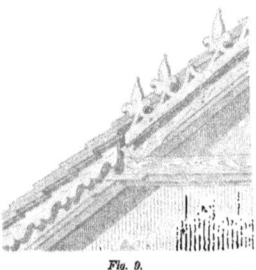

Fig. 9.

mit schwarzen Linien dem Ganzen eine gute Wirkung auf die Ferne geben. Hierbei müssen wir besonders hervorheben, wie verständig die alten Meister ihre Details auf den Standort des Beschauers berechneten, indem der Genuss an der Kunst schwindet, sobald unser Auge einer übermässigen Anstrengung zur Erkenntnis der Formen bedarf und leider gegen dieses Prinzip in der modernen Kunst so häufig ge- sündigt wird.

Die Jahreszahl 1642 befindet sich an der Kellerthüre in Stein gehauen. An der Giebelspitze ist das Wort „Pax" und rechts und

Einen anderen Übelstand moderner Holzbauten finden wir bei den beliebten Ausschnitten der Ortbretter an dem Giebel, welche nach Fig. 9 (obere Hälfte) an ihrer oberen Kante frei den Einflüssen der Witterung preisgegeben sind, während bei allen älteren Holzbauten nach Fig. 9 (untere Hälfte) diese Ausschnitte unter dem Schutz der vorstehenden Dachziegel oder Schindeln an der unteren Brettkante angebracht wurden. Diese Ortbretter sind wie gewöhnlich auf die Hirnseiten oder Enden der vor den Sparren um 15 cm vortretenden Dachlatten genagelt

Haus am Obersteg zu Bettelried.
(Tafel 3.)

Der im Bernischen Obersimmenthal nahe bei Zweisimmen gelegene Ort Bettelried enthält an der gegen Lenk ziehenden Landstrasse das auf Tafel 3 dargestellte Haus.*) Dasselbe hat ohne die meterbreiten Lauben eine Breite von 11,4 m und eine Tiefe von 15 m und enthält unter einem Dach die Wohnräume, an welche sich die Stallungen für Kühe und Pferde anschliessen. Über letzteren befindet sich ein grosser Heuraum, in den eine bedeckte Brücke als Fahrweg von dem höher gelegenen hinteren Terrain führt, wie es die punktierten Linien im Grundriss Fig. 10 andeuten.

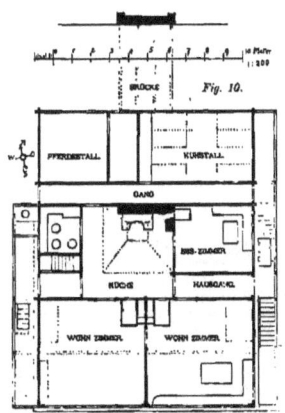

Fig. 10.

Vor dem Hause, bis zur Landstrasse, liegt ein Gemüse- und Blumengarten. Die Inschrift auf der Giebelfronte schreibt diesen Bau dem Landseckelmeister Peter Grünewald im Jahre 1746 zu. Auf den unteren Wohnboden im Ständerbau folgt oberhalb und bei den Stallungen der Blockbau.

Das ganze Holzhaus steht auf einem als Keller benutzten hohen steinernen Unterbau. Die Kellerräume sind mit starken, weitliegenden Balken bedeckt. Zwei Seitentreppen unter dem Schutz der Seitenlauben führen zu den beiden Hausthüren und zu den beiderseitigen schmalen Hausgängen, gerade in die geräumige, central gelegene Küche. An der Giebelfronte liegen zwei nahezu quadratische, gleich grosse Wohnzimmer, welche durch zwei grosse Kachelöfen von der Küche aus geheizt werden. Seitwärts der Küche liegt einerseits ein Esszimmer, andrerseits eine Milchkammer und eine schmale Treppe zum oberen Stock, welcher die den unteren Zimmern entsprechenden Schlafzimmer, einen Käsespeicher und eine Gesindestube mit der Treppe zum Dachraum enthält. Wie immer liegt der Abort ausser dem Hause,

---
*) Das Werk von Graffenried und Stürler, Architecture suisse, enthält eine kleine perspektivische Ansicht desselben Hauses.

von einer der Galerien zugänglich. Im oberen Geschoss wird der Raum über der Küche grösstenteils durch den aus Bohlen konstruierten, weiten pyramidalischen Rauchfang in Anspruch genommen, wie die punktierten Linien des Grundrisses andeuten. Derselbe hat über Dach eine meterweite, mit beweglichem Holzdeckel versehene Öffnung, die der Küche als Oberlicht dient, beim Regen aber durch einen von der Küche bis zum Deckel reichenden Strick beliebig geschlossen werden kann. Jener Holzdeckel ist meistens überschiedelt, wie auch die Bohlen des Rauchfangs über Dach, an seinem unteren Ende ein schwerer Stein angehängt, dessen Gewicht ihn allemal wieder aufrichtet, sobald der an dem oberen Ende befestigte Strick unten nachgelassen wird. Die Decken der Wohnzimmer beider Wohnböden bestehen aus unter sich und ringsum in die hierzu besonders verstärkten Blockbalken vernuteten starken Bohlen, allemal für jedes Zimmer mit einer aussen vorstehenden Keildiele, wie es auf Tafel 3 angegeben ist. Nur in den grossen Giebelzimmern wird oben liegt ein Unterzug unter den Deckendielen, Fig. 11, der zugleich nach aussen beiderseits verlängert, als Stütze der Laubendielen dient.

UNTERZUG a THURPFOSTEN Fig. 11.

In der Ecke des Küchenherdes befindet sich eine Bruchsteinmauer im unteren Wohnboden, und die Ofenfeuerungen der beiden Wohnzimmer und des Esszimmers geben ihren Rauch in das grosse Bohlenkamin, in welches gewöhnlich Querhölzer eingesetzt sind, um das Fleisch zum Räuchern daran zu hängen. Die Räume des oberen Stocks werden nur mittelbar von unten aus etwas erwärmt.

Aus dem Höhenschnitt der Giebelfaçade Tafel 3 ist ersichtlich, wie die stützenden Hölzer der drei obersten Dachpfetten nach innen nur so weit vortreten, dass sie deren Ausladungen das Gleichgewicht halten, sowie ferner: dass zwei Gespärre, dicht vor und hinter der Giebelwand, deren oberste Blockbalken fest zusammen halten.

Die linke Giebelecke an der Hauptfronte, Fig. 12, zeigt die reichen Schnitzereien der Blockbalken, welche wesentlich auf spätere Übermalung berechnet wurden, indem die bemalten Stellen um einige Millimeter vor dem Blattgrunde vortreten, so wenig, dass sie ohne Bemalung nur bei scharfer Beleuchtung zu erkennen sind.

Ausserdem trug die Bemalung des grössten Teils des Holzwerkes zur Erhaltung desselben bei, indem wir den bemalten Stellen um einen Millimeter vor den nicht bemalten und mit der Zeit ausgewitterten

Fig. 12.

Teilen vorstehend fanden. In Fig. 12 sind noch seitwärts der Giebelecke die Profile der einzelnen vorstehenden Blockbalken von der mittleren Scheidewand gezeichnet. Von der ehemaligen Malerei der Giebelfronte sind nur wenige Spuren erhalten, welche jedoch erkennen lassen, dass die mit schwarzen Schriften bezeichneten horizontalen Bänder weiss gemalt waren, dass die Unteransichten des Daches zwischen den Sparren, die Seitenansichten der Pfettenträger, sowie die breiteren Fensterpfeiler aufs mannigfaltigste mit Ranken, Blättern und rosettenartigen Blumen bunt, und dass ferner die Gurtgesimse mit dem Würfelfries oder den kleinen Konsolen, sowie die horizontalen Blattbänder vorzugsweise mit den drei Farben weiss, rot und grün bemalt waren.

Die drei zierlich durchbrochenen Konsolen, welche in die Ständer der Giebelfronte mit schwalbenschwanzförmigen Kutzapfen senkrecht eingeschoben wurden, sind von Tannenholz und bronzegrün bemalt, wie in dem Werke von Graffenried und Stürler an andern Häusern richtig dargestellt ist, aber veranlasste, dass Professor Semper in seinem Werke über den Stil diese für Metallkonsolen gehalten hat.*)

*) 2. Band. Seite 314, Anmerkung 3.

Speicherbau und Wohnhaus zu Sachseln.
(Tafel 4.)

Der im Vordergrund auf dieser Tafel dargestellte Speicherbau zur Aufbewahrung von Käse und Früchten steht in dem eine halbe Stunde von Sarnen gelegenen Pfarrdorfe Sachseln, dem Wallfahrtsort von Nicolaus von der Flüe. Wir erkennen bei diesem Bau sowohl wie bei dem ferneren Wohnhause die Eigenart der Kantone Unter- und Obwalden an der Art und Weise, wie die mehrfach aufeinanderliegenden Blockbalken am Dachvorsprung des Giebels von 75 cm, als stützende Träger von 60 cm Vorsprung, in senkrechter Flucht mit den äussersten Giebelsparren stumpf abgeschnitten sind und dann in abgerundeter Form sich an die Vorstösse der Wandbalken anschliessen. Weil dieser Dachvorsprung gewöhnlich mit den schwersten Steinen belastet wird, so liegen hier drei Gespärre dicht nebeneinander.

Die Verstärkung einzelner Blockbalken, welche zunächst die Dachsparren und anderer, welche die eingenuteten Dielen der Fussböden tragen, findet hierbei abweichend von der Bauart anderer Kantone nicht statt, indem sämtliche Blockhölzer um nahezu einen Centimeter stärker wie sonst sind.

Der obere Stock steht auf dem Dielenträger am Giebel um 12,6 cm vor dem unteren vor.

Die lichte Breite des Giebels zwischen den Blockwänden beträgt 3,6 m, die lichte Tiefe 3,7 m. Die mittlere Thüre am Giebel mit 27 cm breiten Pfosten ist im Lichten 87 cm breit und 186 cm hoch. Die Laube geht auf beiden Seiten und am hinteren Giebel um die Blockwände in einer lichten Breite von 0,9 m zwischen Wand und Pfosten. Deren Brüstungshöhe beträgt 1 m. Die beiden Giebelfenster sind mit aufgenagelten Holzleisten so breit umrahmt, dass in deren Nuten zwei Läden seitwärts über die Fenster geschoben werden können.

Dieser Speicherbau zeichnet sich vor anderen durch seine symmetrisch schönen Massverhältnisse aus, welche durch sparsam angebrachte Profilierungen und Holzausschnitte zum vollen Ausdruck gelangen.

Tafel 5, 6, 7.

Auf diesen drei Tafeln ist die frühere Bauart im Jaunthale, Kanton Freiburg, dargestellt, deren Charakter wir vorerst im allgemeinen beleuchten wollen, bevor wir zur Erklärung der einzelnen Tafeln übergehen.

Im Jaunthale begegnen sich vom Ursprung der Jann im Berner Oberland thalabwärts und aus dem Freiburgischen thalaufwärts, ebensowohl die deutsche und französische Sprache, wie auch die beiden ältesten Konstruktionen des Schweizerhauses: der Block- und Ständerbau, indem sie zugleich neues Beachtenswertes im Holzstil hervorrufen.

Gleichzeitig, in der Mitte des 18. Jahrhunderts, finden wir dort den nach Etagen getrennten oberländischen Block- und Ständerbau des benachbarten Simmenthales, dessen ältester Charakter hier und da im Jaunthale noch festgehalten wurde, so wie den im übrigen Freiburger Lande durchweg herrschenden Ständerbau, teilweise verbunden mit der Schmuck des oberländischen Hauses, nebst einer neuen dem Jaunthale eigentümlichen Dekorationsweise.

Diese gleichzeitig dort vorkommenden älteren und neueren Mustern entsprechenden Holzbauten ordnen sich etwa wie folgt:

1. Der Ständerbau in der unteren, der Blockbau in der oberen Etage, stets vereinigt mit dem flachen Dach und dem stehenden Stuhl.
2. Der Ständerbau in beiden Etagen, ebenso vereinigt mit dem flachen Dach und dem stehenden Stuhl.
3. Derselbe Ständerbau durch beide Etagen, mit dem steileren Rechtwinkeldach und dem liegenden Stuhl oder auch mit einem Mansardedache verbunden.

Bei diesen Ständerbauten unter 2 und 3 sind die Ständer immer nach den Stockwerken abgesetzt und reichen nicht wie in den Kantonen Aargau, Zürich und Thurgau auf allemannische Art durch beide Geschosse.

Diese Mannigfaltigkeit zeigt sich noch auffallender bei den getrennt von den Wohnungen erbauten Speichern und Stallungen, indem die Wände der unteren Stallung und des darüber befindlichen Heuspeichers entweder beide zugleich im Blockbau, oder beide im Ständerbau, oder auch nur die unteren im Ständer-, die oberen im Blockbau konstruiert sind.

Bei den Wohnhäusern des Jaunthales kommt dagegen der durch zwei Etagen gehende Blockbau nicht vor.

Das Gemeinsame in der Konstruktion der dortigen Wohnhäuser besteht in dem hohen steinernen Unterbau, in der centralen Grundrissanlage der Küche mit ihrer weiten und hohen Rauchröhre von Bohlen, sowie in der Anlage von Galerien, wodurch dem Abort stets sein Platz ausserhalb der Wohnung angewiesen werden konnte.

Ferner sind die Dielen der Fussböden in die verstärkten Wandbalken ringsum eingenutet und konnten durch eine keilförmige aussen vorstehende Diele fest zusammengetrieben werden. Der einzige Unterzug unter den Dielen der grösseren Giebelzimmer, welcher gewöhnlich nach aussen verlängert auch die Laubendielen stützt, fehlt nie.

Ebenso ist den 2—3 m weit ausladende Dach am Giebel mit den vorgeschobenen stützenden Dachpfetten wie auch die durchgehende senkrechte Hausflucht an den Traufseiten allen gemeinsam.

Die wesentlichen Unterschiede bestehen dagegen in der Konstruktion der Wände und Dächer, sowie in der Art der Eindeckung.

Ist die Neigung des Daches flach wie im Berner Oberlande, dann erscheint regelmässig der stehende Stuhl damit verbunden. Hierbei besteht die Eindeckung aus kurzen mehrfach aufeinander gelegten und durch Steine beschwerten Brettern, welche von den auf die Sparren genagelten und überfalzten Dielen getragen werden. Später hat man auch vielfach jene Bretter durch feine Schindeln ersetzt.

Ist aber das Rechtwinkeldach oder das Mansardedach angewandt, so erscheint damit stets der liegende Stuhl, und die Eindeckung geschah auf breiten Latten mit feinen Schindeln.

Gewöhnlich wurde hierbei die Giebelspitze kurz abgewalmt und eine halbkreisförmige Verschalung unterhalb des ausladenden Daches am Giebel dadurch ermöglicht, dass zwischen die Konstruktionshölzer des äusseren liegenden Binders und Lehrgespärres abgerundete Holzstücke verzapft eingesetzt wurden, um die Schalbretter quer darüber zu nageln. Man gewann damit grössere Flächen zu der später die Architektur beherrschenden Malerei.

Ein weiterer Unterschied wird durch die verschiedene Stützkonstruktion der am Giebel vorgeschobenen Pfetten bedingt. Besteht nämlich die obere Giebelwand aus Blockbalken, so tragen die stufenweise vorgeschobenen Balken die an sich schon verstärkten Dachpfetten, wie in Tafel 6 rechts, besteht aber jene Wand aus Ständern mit eingeschobenen Bohlen, dann stützt allemal ein einzelner profilierter Bug je eine Dachpfette, wie in Tafel 6 links.

Beim Blockbau der Urkantone und des Berner Oberlandes sind nur diese Dachpfetten und die dielentragenden Blockbalken verstärkt und liegen wegen Blockverband nicht bündig, am Giebel meist tiefer als an den Traufseiten.

Diese Verstärkung hat man auch im Jaunthale bei dem Blockbau der oberen Etagen beibehalten, dagegen haben die Wandbalken in jenen Gegenden immer eine Dicke von 12—13,5 cm, während sie hier nur 6—7,5 cm dick sind.

Beim Ständerbau sind die Wandbohlen meist 9—10,5 cm dick und ebenso wie im Berner und Freiburger Lande liegt auf dem verstärkten Dielenträger eine gleich starke Schwelle, beide ringsum bündig. Diese aufeinander liegenden verstärkten

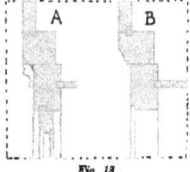

Fig. 13.

Wandhölzer sind notwendig, um sowohl die Zapfenlöcher für die unteren und oberen Ständer zu verteilen, als auch wegen der mangelnden Versteifung der rechtwinkligen Wandgefache gegen seitliche Ausbiegung. Zugleich dienten jene nach Fig. 13 auf den hochkantigen Dielenträgern mit ihrer Breitseite ruhende Schwellen, auch am Frontgiebel mit der auf ihnen stehenden Wand etwas vorgeschoben worden, durch die Art ihrer Unterstützung mit Konsolen oder als Bogenfries dekoriert, die Horizontallinie an der Giebelfaçade hervorzuheben.

Nur bei dem Anfänger der unteren Mauerschwelle steht der Dielenträger mit der Bohlenwand vor jener Schwelle, worin dann die Konsolen eingesetzt sind.

Die Ständer, welche nur an den Hausecken und an den Knotenpunkten der Scheidewände vorkommen, verzapfen sich oberhalb in die Dielenträger, unterhalb in die genannten Schwellen, mit Ausnahme jener Mauerschwellen, so wie jene in der unteren Dielenträger in den Ständerzapfen aufnehmen; die Fensterdeckhölzer kommen entweder nach Fig. 13, A seitwärts und zwischen die Ständer eingreifend, unmittelbar über die Dielenträger zu liegen, oder bei niedriger Etagen bilden die Dielenträger wie in Fig. 13, B zugleich die Fensterdeckhölzer.

Die Fensterbänke gehen in scharfem Anschluss an die Ständer gewöhnlich um das Mass ihres Profilvorsprungs über die Ständer weg durch die ganze Länge der Giebelfronte.

An den Hausecken, wo sich diese beiderseitigen Profile begegnen, sind sie stumpf über Gehrung gestossen und zuweilen mit eisernen verzierten Winkelbändern zusammengehalten. Die Stabilität der Ständer wurde dadurch sowohl, wie auch durch die an den Hausecken und Scheidewänden verschiedenen T- und L-Formen ihres Querschnitts von 30—45 cm Stärke wesentlich befördert.

Bei den meisten Wohnräumen besteht das Wandgetäfel wie die Decke nach Fig. 14 aus wechselnd stärkeren und schwächeren unter sich vernuteten Brettern, so dass Wände und Decke eine übereinstimmende Einteilung zeigen.

Fig. 14.

Die Überschindelung der Wohnhäuser wie auf Tafel 7 kommt nur vereinzelt im Jaunthale vor; im allgemeinen herrschte früher die Übermalung des grössten Teils vom Holzwerke der Giebelfronte, wobei deren reiche Dekoration zur Geltung kam, da die Friesverzierungen etwa nur 2 mm tief ausgemeisselt wurden.

Die Fenstergestelle sind aussen, für die im Winter einzusetzenden Vorfenster, mit einer Falze versehen.

Meist ist am Giebel die Jahreszahl der Erbauung des Hauses eingeschrieben.

Fehlt dieselbe, sind aber Sinnsprüche in lateinischen Lettern keilförmig ins Holz eingestemmt, so lässt sich mit Sicherheit schliessen, dass der Bau noch aus dem 17. Jahrhundert stammt, indem die deutsche Bibelschrift bei diesen Malereien erst mit dem 18. Jahrhundert aufkam.

Schliesslich müssen wir bezüglich des Stilistischen in der Bearbeitung des Holzwerks von Seiten der alten Werkleute des Jaunthales eingestehen, dass die harmonische Übereinstimmung aller Details, wie wir es im Berner Oberlande gefunden haben, hier nicht immer erreicht wurde, indem neben einer Überfeinerung eine gewisse Roheit der Form auftritt, wie z. B. bei dem unteren Ausläufer eines Pfettenträgers von der alten Sägemühle bei der Kaskade in Jaun. Fig. 15.

Demohngeachtet sind die Jauner stolz darauf, dass ihre Vorfahren „im stile Bernois" gebaut haben, während sie, wie uns scheint, sich mit mehr Recht als die Erfinder einer sonst wohl in der Schweiz nicht vorkommenden Dekorationsweise rühmen dürfen, was wir bei Tafel 5 näher erläutern wollen.

Fig. 15.

Wohnhäuser von Charmey und Weibolsried.
(Tafel 5.)

Auf dieser Tafel ist rechts die Hälfte eines Doppelwohnhauses in Charmey, in der Mitte ein Haus von Weibolsried und links im Hintergrunde die Kirche von Charmey dargestellt.

Wenn wir von dem hochgelegenen bernischen Dorfe Ablentschen thalabwärts in den Kanton Freiburg schreiten, so kommen wir über Weibolsried nach dem höchst malerischen Dorfe Jaun (Bellgarde), wo der Hauptarm der Jaun aus der Gebirgswand hervorstürzend einen sehr schönen Wasserfall bildet. Weiter abwärts, dem Thale entlang, wo sich die Landschaft erweitert, liegt das anmutige Pfarrdorf Charmey, wo die französische Sprache vorherrscht und wo sich unter anderen ähnlichen Bauten das erwähnte Doppelwohnhaus Tafel 5 nicht weit von der Kirche befindet. Dieses besonders reich ausgestattete Haus trägt am Giebel die Jahreszahl 1716, und auf den gebrannten Kacheln des Ofens im Wohnzimmer steht:

„Jaques et Pierre Mossu 1715."

Nach dem Grundriss der einen von den beiden, auch in der Façade, ganz gleichen Hälften, Fig. 16, welche je einer Familie angehören, führt die Hausthüre durch einen Gang und der darin befindlichen Treppe zu der oberen central angelegten Küche auf den ersten hier dargestellten Wohnboden.

Das in Bruchsteinen gemauerte Erdgeschoss dient als Keller, sowie als Stallung für Ziegen, welche in dortiger Gegend zahlreich gehalten werden. Von der Laube an der Rückseite führt eine Treppe in den hinter dem Hause liegenden Garten. Der obere Stock hat im wesentlichen dieselbe Einteilung, nur dass an die Stelle der Küche der ganz unbenutzbare Raum des grossen aus Bohlen konstruierten Schornsteins tritt und eine schmale Treppe daneben auf den Dachboden führt. Das Mansardendach, aus zwei liegenden Stühlen übereinander konstruiert, hat ausser den beiden Giebelbindern noch zwei mit den inneren Querwänden korrespondierende Binder, mit drei Lehrgespärren zwischen jo zweien derselben.

Durch einen besonderen Fahrweg auf der Trauseite zur Rechten des Hauses gelangt man in den seitlich hinten angebauten Heuspeicher, dessen Boden mit dem des ersten Wohnbodens korrespondiert und dessen Dachsparren aus den verlängerten obersten Sparren des Hauptdaches bestehen.

Die Dekoration der breiten Gurtungen zwischen den Fensterreihen zeigt die Verbindung der Berner Art und Weise, das Ornament aus dem Balken auszuschneiden mit einem sonst wohl ausser dem Jaunthale selten vorkommenden Verfahren. Es sind nämlich künstlich ausgeschnittene Brettstücke auf die glatte Bohlenwand aufgenagelt, wie hier auf der unteren Brüstung des Bogenfries, auf der oberen andere periodisch wiederkehrende Formen zu erkennen sind.

Selbst die kleinen Konsolen über den Dielenträger der zweiten Holzbodens, wie auch die Jahreszahl und die Anfangsbuchstaben der Namen von den beiden Bauherren bestehen aus aufgenagelten Holzstückchen. Die Nutzanwendung dieser so billig herzustellenden Dekorationsweise springt in die Augen.

Das Profil der die Galerie stützenden Hölzer

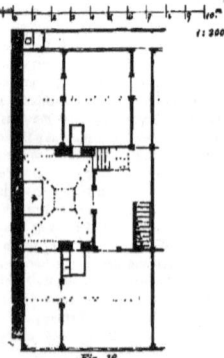

Fig. 16.

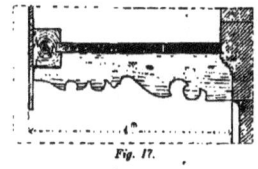

Fig. 17.

Fig. 18.

ist aus Fig. 17 zu ersehen. Zur Sicherung des langen Brustriegels derselben gegen Ausbiegung ist in seiner Mitte ein Pfosten angebracht, welcher oberhalb durch ein Querholz mit der Giebelwand verankert ist.

Die Brettausschnitte der Galerien auf beiden Giebelseiten, Fig. 18, sind auch auf die Ferne noch von guter Wirkung.

Alle diese Ornamente, wie auch die Galerien mit ihren Untersichten und denen des vorstehenden Giebeldaches, zeigen noch Spuren ehemaliger Übermalung, deren Charakter wir später von einem Hause in Jaun aus dem Jahr 1760, wo sie sich besser erhalten hat, in Farbendruck wiederzugeben gedenken.

Die innere Verschalung der bewohnten Räume ist nach Fig. 19 in Rücksicht auf die dünnen Wandbohlen sehr solide aus gestellten vernuteten Brettern ausgeführt.

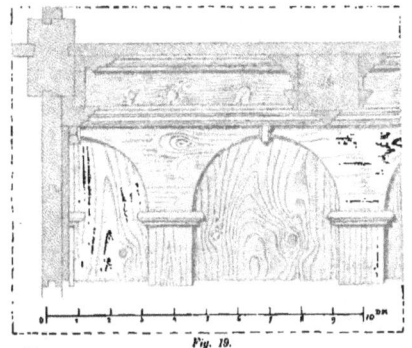

Fig. 19.

Zugleich zeigt diese Figur den Querschnitt des eingangs erwähnten einzigen Unterzugs der Fussbodendielen.

Das mittlere Haus auf Tafel 5, aus Weibelsried, vom Ende des 18. Jahrhunderts, zeigt wie das vorige den Ständerbau in beiden Etagen, mit dem abgewalmten überschindelten Rechtwinkeldach und dem liegenden Stuhl.

Seine Giebelfront hat 12 m, seine Tiefe 24 m Länge.

Der seitliche Eingang führt zu der central angelegten Küche, und hinter derselben befinden sich Scheune und Stallung.

Bei der Dachkonstruktion mit dem liegenden Stuhl fehlen hier ausnahmsweise die Spannbalken der Binder, indem nach Fig. 20 kurze Balkenstiche gerade so bei dem Binder A, wie bei dem Lehrgesperre B die Sparren und bei A noch die Stuhlsäulen stützen. Der Druck den fehlenden Bundbalken eintretende Horizontalschub der liegenden Stuhlsäulen auf die beiden Wände der Traufseiten wird hier dadurch aufgehoben, dass die unter jenen Balkenstichen liegenden und mit den Bindern korrespondierenden Dielenträger der inneren Querwände gleichsam verankern.

Die in Fig. 20 auf den Dielenträgern gezeichneten Hirnhölzer stellen kurze Wechsel zwischen den Balkenstichen vor und letztere ruhen einerseits auf der Wand, andererseits auf einem zweiten durchgehenden hier als Hirnholz bezeichneten Balken.

Das zierliche Ornament der Fensterbrüstung vom zweiten Wohnboden, Fig. 21, kommt mehrfach im Jauntale vor. Auch zeigt diese Figur, dass die obere Etage am Giebel hier die untere nur sehr wenig überragt.

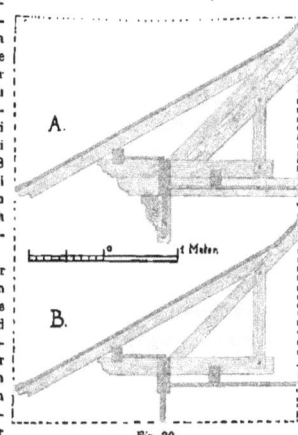

Fig. 20.

Fig. 21.

Wohnhäuser aus Jaun.
(Tafel 6.)

Das Pfarrdorf Jaun, dessen Bewohner durch ihre deutsche Sprache schon die Nähe des Kantons Bern anzeigen, ist reich an alten Holzhäusern, davon die ansehnlichsten im 18. Jahrhundert erbaut wurden. Auf Tafel 6 sind zwei Doppelwohnungen aus Jaun dargestellt, welche vermutlich aus der Mitte des 18. Jahrhunderts stammen. Beide haben das flache Schindeldach mit dem stehenden Stuhl, während aber das zur Linken ganz im Ständerbau konstruiert ist, zeigt das zur

Rechten nur unterhalb den Ständerbau und oberhalb den Blockbau ganz in Übereinstimmung mit den älteren Bauten des Simmen- und Saanen-Thales, ebenso wie bei einem anderen ähnlichen Hause in Jaun, das die Jahreszahl 1675 trägt und wobei sich nach Fig. 22 die Form der Pfettenträger wie bei dem Hause in Bettelried, Fig. 12, wiederholt, abgesehen von den schwarz und weiss gemalten Rauten auf den Balkenköpfen.

Fig. 23 zeigt die Laubenbretter desselben alten Hauses.

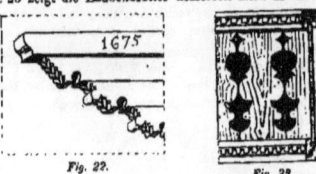

Fig. 22.   Fig. 23.

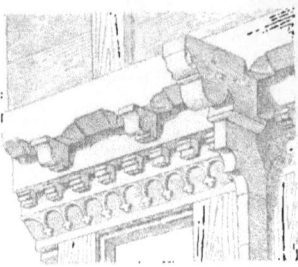

Fig. 24.

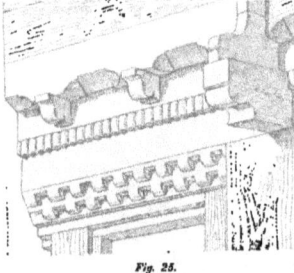

Fig. 25.

Wir schliessen hieraus, dass sich der Bernische Stil schon sehr frühe ins Jaunthal herabsenkte und auch hier und da noch im 18. Jahrhundert wie bei dem hier rechts dargestellten Hause im wesentlichen beibehalten wurde. Letzteres bestätigen sowohl die Formen der Pfettenträger dieses Hauses, wie die in den Fig. 24 und 25 abgebildeten grösseren Konsolen, welche mit schwalbenschwanzförmigen stehenden Zapfen, von oben in die entsprechenden Nuten der Dielenträger grade so eingelassen wurden, wie wir es bei den älteren Bauten des Berner Oberlandes früher geschildert haben.

Dieselbe Verwandtschaft zeigt die Grundrissanlage, welche mit derjenigen der Fig. 10, der Disposition der Räume nach übereinstimmt.

Dagegen ist die Wandkonstruktion des Giebeldreiecks nicht wie im Oberlande, so dass die Blockbalken der inneren Scheidewände die langen Giebelbalken überbinden, sondern so, dass letztere abgesetzt in besondere Ständer eingenutet sind und dadurch eben so eine seitliche Ausbiegung der Wandbalken verhindern.

In Fig. 26 ist nur die halbe Façade dieses Hauses nebst dem Höhenschnitt der Giebelwand abgebildet.

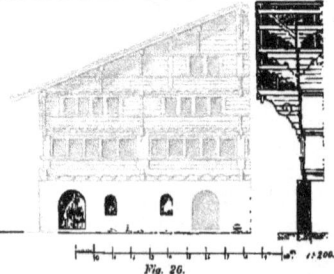

Fig. 26.

Bei dem Hause zur Linken, dessen Grundriss und Façade Fig. 27 darstellt, wiederholt sich der bei Taf. 5 erwähnte Bogenfries, sowie die schmalen besonders aufgenagelten Konsolchen auf der Fensterbrüstung des oberen Stocks. Fig. 28 stellt den unteren Teil dieser Brüstung mit den genannten Konsolchen und das Ornament des Dielenträgers vor, das dem ganz gleichen auf der Taf. 5 entspricht und welches in seiner früheren Übermalung von besonders guter Wirkung gewesen sein muss. Die obere Hälfte der Brüstung wird von dem aufgenagelten Bogenfries eingenommen.

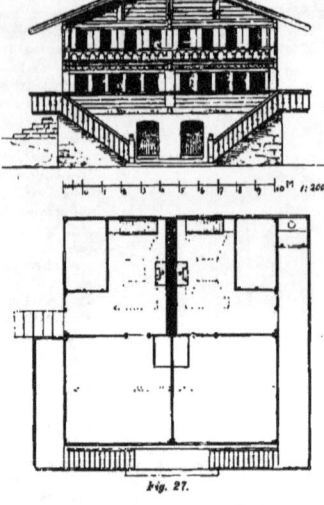

Fig. 27.

Fig. 28.

Zwischen den beiden Häusern Taf. 6 ist im Hintergrunde die kleine oberhalb Jaun liegende Kapelle mit ihrem offenen Glockentürmchen ersichtlich, dessen Konstruktion Fig. 29 zeigt. Die Gespärre mit ihren Spannbalken, Kehlbalken und Fussstützen tragen ohne Pfetten das Schindeldach. Zwei dieser Gespärre, zunächst der vorderen Giebelmauer, sind bis zu den vier auf die Kehlbalken aufgesetzten Turmpfosten verlängert und mit diesen fest verbunden.

Die Glocke bewegt sich mit ihrem sie tragenden Querholze frei zwischen den beiden rings verschalten, überschindelten und von je zwei Turmpfosten gebildeten Wänden.

Die beiden eingemauerten Träger des Giebelvorsprungs sind in dieser Figur mit A bezeichnet.

Fig. 29.

Das alte Pfarrhaus in Jaun.
(Tafel 7.)

Das auf Tafel 7 dargestellte, zunächst der Kirche in Jaun, im 18. Jahrhundert erbaute Haus, dessen Grundriss, Fig. 30, dem eines gewöhnlichen Schweizerhauses von einer Familie in bescheidenen Dimensionen entspricht, diente früher als katholische Pfarrwohnung, nun aber seit Erbauung eines neuen grösseren Pfarrhauses vor der Kirche, als bäuerliche Mietwohnung.

Beide Gebäude sind mit der Kirche im Hintergrunde, Tafel 7 rechts abgebildet, wobei sich die jetzige Pfarrwohnung in dem modernen nüchternen sogenannten Nutzbaustil präsentiert.

Im Hintergrunde zur Linken ist die, wenn auch etwas entfernter von diesem Hause liegende Kaskade der Jaun in den Rahmen des Bildes gezogen. Im Rücken des hierzu gewählten Standpunktes liegen etwas höher am Berge, terrassenförmig übereinander die beiden Hauptstrassen von Jaun mit je einer Reihe interessanter alter Holzhäuser, so dass man aus den südlichen Giebelfenstern derselben die tiefer liegende Kaskade übersieht.

Das alte im Ständerbau errichtete Pfarrhaus ist äusserlich, in Rücksicht auf die dünnen Wandbohlen grösstentheils überschindelt, die Wände mit 6 cm breiten unterhalb abgerundeten und das Rechtwinkeldach mit viereckten Schindeln.

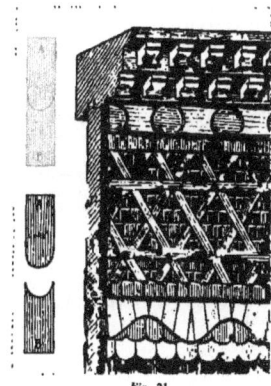

Fig. 31.

Da man diesen Wandschutz noch an anderen alten Häusern des Jaunthales findet, so haben wir einzelne dieser zierlichen Schindeldekorationen in Fig. 31 gezeichnet und uns erlaubt, das rautenförmige Bandornament und die darunter liegende wellenförmige Überschindelung auf die Gurtungen zwischen den Fensterreihen des Pfarrhauses zu übertragen.

Alle diese Wandschindeln waren ursprünglich auf ihren äusserlich sichtbaren Flächen abwechselnd weiss und rot bemalt, um sowohl das Holz zu schützen, als auch die Massenwirkung der Detailformen zu heben.

Die starken liegenden Hölzer des Ständerbaues, wie die Dielenträger, Schwellen und Fensterbänke, sind schon, um deren Ornamente nicht zu verstecken, frei und nicht geschindelt.

Das an der Giebelfronte viermal wiederholte Gurtgesimse, Fig. 31, besteht aus je zwei Reihen übereinander versetzter Konsolchen, welche die Horizontallinie scharf charakterisieren. Das fünfte Gurtgesimse unter der Galerie, Fig. 32, hat nur eine Reihe der genannten Konsolchen.

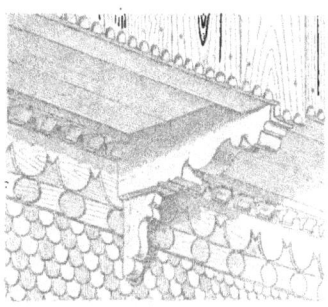

Fig. 32.

Unter demselben zeigt diese Figur den Bogenfries des freiliegenden Dielenträgers, sowie das Profil eines Dielenträgers am Kopfe und in seinen Untersichten, nach den einzelnen Profilierungen unterschiedlich und wechselnd schwarz, rot und weiss bemalt, wie auch die vorderen Ansichten der ihn stützenden Knagge. Unter jenem Bogenfries, Fig. 32, sowie auch unter der Fensterbank, Fig. 31, und dicht unter der Seitengalerie des Pfarrhauses befindet sich das gleiche horizontale Band Schindeln, von periodisch wiederkehrenden Kreisformen.

Zu dem Zweck nahm man viereckte Schindeln von doppelter Länge, Fig. 31 A B, welche man in der Mitte halbkreisförmig durchsägte und dann mit Umkehrung der einen Schindel beide Halbkreise endend, zu einem vollen Kreis übereinander nagelte.

Der Längen- und Querschnitt des Hauses Fig. 33 zeigt die Traufseiten in senkrechter Flucht, die Etagenwände am vorderen Giebel aber zweimal vorgeschoben, bei dem zweiten Holzboden und beim Dachboden.

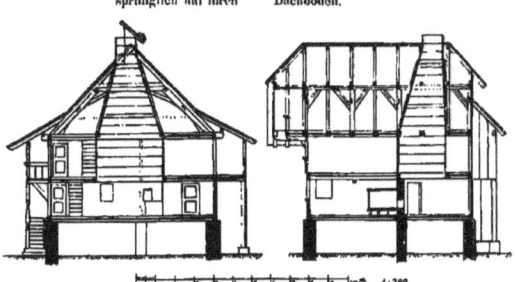

Fig. 33.

Der Längenschnitt zeigt, dass jedem Gespärre ein Balkon von 30 cm Stärke entspricht und dass die Dielen des Dachbodens, als sogenannter Schrägboden, zwischen die einzelnen Balken in abwechselnd schiefen Richtungen eingenutet, zugleich die Decke des oberen Stocks bilden.

Diese ganz moderne Balken- und Bodenanlage bildet bei diesem Hause eine seltene Ausnahme von der damals in der ganzen Schweiz üblichen Weise, die Dielen der Böden nicht von Gebälken, sondern unmittelbar von den Wänden tragen zu lassen. — Vom unteren Wohnzimmer des Pfarrhauses ist der Ofen mit seinen grün gebrannten Kacheln und Steinplatten in Fig. 34 abgebildet. Die hier nicht dargestellte Verlängerung des Ofens durch die Scheidewand erwärmt das Zimmer daneben, wie schon aus dem Grundriss Fig. 30 hervorgeht.

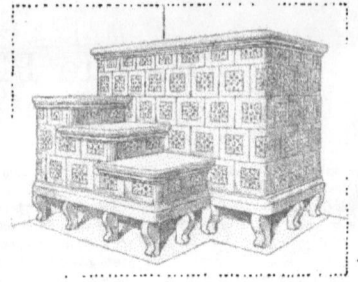

Fig. 34.

Speicherbauten von Riedstätten und Schwarzenburg.

(Tafel 8.)

Die Bauart der Wohnhäuser von dem Bernischen Städtchen Schwarzenburg und Umgegend, wozu Riedstätten gehört, zeigt das Haus im Hintergrunde der Tafel 8 zur Linken. Auf später folgenden Tafeln werden wir spezieller darauf eingehen.

Hier schicken wir einen Speicherbau aus Riedstätten, im Vordergrund Tafel 8, und rechts daneben einen aus Schwarzenburg voraus, um zu zeigen, wie im Kanton Bern der uralte Blockbau bei solchen Speichern zum grossen Teil noch beibehalten wurde, während die Wohngebäude, mit Ausschluss derjenigen des Berner Oberlandes und einiger älterer aus dem 17. Jahrhundert durchweg dem Ständerbau anzuhören.

So ist der Speicher von Riedstätten aus dem Jahr 1784 ganz im Blockbau, der von Schwarzenburg oberhalb im Block-, unterhalb im Ständerbau konstruiert.

Solche kleine, oft mit vieler Sorgfalt ausgeführte Gebäude dienten vielfach zwei Familien nach den Stockwerken getrennt. An ihnen dokumentierte der Bauherr seinen Reichtum, seine Freude am Schmuck des Holzwerks und dessen Bemalung, wie auch seine Frömmigkeit durch die den Wänden aufgeschriebenen Bitten um den Schutz und Segen des Allmächtigen.

Bei dem Speicher von Riedstätten tritt die obere Blockwand am Giebel um 10 cm vor die untere vor, bei dem von Schwarzenburg stehen die oberen Blockwände ringsum 18 cm über die unteren Ständerwände vor. Bei beiden haben die Dachpfetten keine Sparren zu tragen, sondern starke unter sich vernutete Bohlen, welche überschindelt sind. Die Blockwände des Speichers von Riedstätten sind 9 cm dick; dabei zeichnen sich die Profile der unteren Laubenträger durch ihren kräftigen Schwung aus. Die rings um den Speicher gehende Laube hat 1,12 m Breite.

Die obere Giebellaube steht 30 cm vor den sie stützenden Säulchen der unteren Laubenbrüstung, so dass letztere durch erstere gegen den Regen geschützt ist. Die Säulchen sind 15 cm, die Dielenträger 15 bis 18 cm stark. Die lichte Weite des im Erdgeschoss benutzbaren Raumes zwischen den unteren Blockwänden beträgt am Giebel 4,2 m und an der Traufseite 4,8 m.

Bei dem Speicher von Schwarzenburg beträgt die lichte Weite des Parterreraumes am Giebel 4 m, an der Traufseite 4,5 m, die Breite der ringsum gehenden Laube 1,10 m.

Häuser aus Schwarzenburg.

(Tafel 9.)

In dem Berner Städtchen Schwarzenburg und dessen Umgebung haben sich viele Wohnhäuser, aus dem 18. und aus dem Anfang dieses Jahrhunderts, als Ständerbauten gut erhalten. Die getrennt davon errichteten kleinen Fruchtspeicher, Stallungen und Heuschuppen sind dagegen grösstenteils im Blockbau konstruiert.

Bei jenen Ständerbauten ist das Rechtwinkeldach mit liegendem Stuhl angewandt; den oberen Teil des Frontgiebels ziert eine Laube mit halbkreisförmiger Bretterdecke unter dem Schutz des weiter vorspringenden, mit kleinen Schindeln sorgfältig eingedeckten und an der Spitze abgewalmten Daches.

Gleichzeitig finden wir einzelne solcher Ständerbauten mit flachem steinbelasteten Dache und mit dem stehenden Stuhl. Wir schliessen aus dortigen älteren Bauten letzterer Art, dass diese Konstruktion vor dem 18. Jahrhundert allgemeiner dort üblich war.

Alle diese Holzbauten zeichnen sich durch eine kräftige und schwungvolle Profilierung der Balkenköpfe und Säulchen, wie der Gesimse und Bretter aus. Auch ist die Anlage von mehreren Galerien übereinander, an dem Frontgiebel sowohl wie an den Traufseiten vorzugsweise beliebt gewesen. Hierdurch ist dem Städtchen Schwarzenburg ein eigentümlicher Charakter verliehen, wenn man erwägt, dass noch viele Spuren alter Malereien auf einen früheren jetzt erloschenen Glanz hindeuten. Jene Spuren zeigen am häufigsten die Farben schwarz, rot und weiss neben dem braunroten Grundton der natürlichen Holzfarbe.

Die Ständer der Wandpfosten von 27 bis 40 cm Stärke an den Knotenpunkten der Wände sind in Rücksicht auf die geringe Höhe (2,16 m) der Stockwerke sehr sparsam durch kurze und schmale Winkelbänder gegen seitliche Ausbiegung geschützt.

Bei den Balken- und Brettanschnitten ist die gleichförmige Profilierung in Halbkreisen und S-Formen unter den mannigfaltigsten Kombinationen bemerkenswert.

Die Tafel 9 zeigt oben zur Linken ein Eckhaus an der Hauptstrasse vom Jahr 1761; bei den drei Giebellauben und den beiden Seitenlauben werden je die unteren von den etwas weiter vorstehenden oberen Lauben geschützt. Zur Rechten, Tafel 9, ist eine alte Schmiede im Orte Schwarzenburg hierher gesetzt.

Dieselbe Tafel enthält unterhalb den Grundriss der ersten Etage jenes Eckhauses, nebst einem Teil vom Quer- und Längenschnitt desselben.

Ausser dem nach der Strasse gelegenen quadratischen Wohnzimmer enthält dieses Haus in der ersten Etage nur noch einen gleichgrossen Küchenraum, welcher jedoch durch die Treppenanlage und durch einen Bretterverschlag zu einer Vorratskammer verengt ist. Der steinerne Unterbau dient jetzt als Werkstätte eines Spenglers, welcher das einzige Zimmer der ersten Etage zugleich als Schlafzimmer mit seiner Familie benutzt. In der zweiten Etage wiederholt sich die analoge Einrichtung für eine zweite Familie.

Das Kamin zu dem Küchenherd und dem Ofen links in der ersten Etage ist unterhalb gemauert und in der zweiten Etage bis über Dach aus Bohlen konstruiert, wo es einen quadratischen Raum von 1,4 m Weite der oberen Küche entzieht. Deshalb mussten in letzterer der Küchenherd und der Ofen in Zimmer in die Ecke rechts verlegt werden. Diese Anlage ist jedoch neueren Ursprungs, weil ehemals das ganze Haus unzweifelhaft nur von einer Familie bewohnt wurde.

Häuser und Fruchtspeicher von Schwarzenburg.
(Tafel 10.)

Auf dieser Tafel ist zur Linken ein Wohnhaus von Schwarzenburg aus dem Jahre 1822 dargestellt. Fig. 35 zeigt die Giebelfaçade desselben und den Grundriss des Erdgeschosses bis zur Tenne. Die 39 cm starken Eckständer ruhen auf einer 24 cm starken Schwelle, wobei die bündig liegende Schwelle der Traufseite mit zwei langen Zapfen durch die Giebelschwelle greift und ein starker Holznagel aussen die beiden Zapfen fest an die Giebelschwelle bindet. Die lange Küche hinter den beiden Wohnzimmern hat freilich durch die kleinern Seitenfenster wenig Licht; da auch der einzige Schornstein von Backsteinen gemauert ist, so entbehrt sie das bei den weiten Boldenkaminen sonst gewöhnliche Oberlicht. Zu beiden Seiten der Hausthüre befindet sich ein vertiefter Gang, der mittelst mehrerer Stufen abwärts zum Kellereingang führt.

In Fig. 36 ist ein Säulchen der vorderen Galerie mit dem Profil der Brüstung und deren Brettausschnitte zu ersehen.

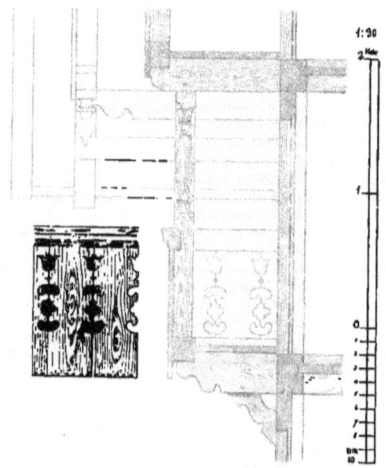

Fig. 36.

Zur Rechten auf Tafel 10 erscheint ein anderes Wohnhaus von Schwarzenburg, wobei die halbkreisförmige Verschalung im oberen Teil des Giebels nicht zur Ausführung kam. Man erkennt jedoch die zu ihrer Ausführung wesentlich erforderlichen Träger, mit Ausnahme der kurzen, die Halbkreisform ergänzenden Bohlenstücke, welche zur Ausfüllung der stumpfen Winkel jener Träger in dieselben später eingezapft werden sollten, um die Bretter quer darüber zu nageln.

Die Dächer dieser beiden Ständerbauten sind mit feinen Schindeln eingedeckt und von liegenden Stühlen getragen.

Zwischen den beiden genannten Häusern auf Tafel 10 ist ein Fruchtspeicher aus Schwarzenburg gezeichnet, welcher durch die seitwärts angelehnten Bretterwände, zum Schutz der darunter zu bergenden landwirtschaftlichen Geräte ein ganz eigentümliches Ansehen erhält.

Die Hauptmasse des Grundrisses von diesem Bau, dessen Blockwände unten und oben nur je einen Raum umschliessen, sind im untern Stock folgende:

Zwischen den Blockwänden am Giebel 4.09 m, längs den Traufseiten 1.44 m.

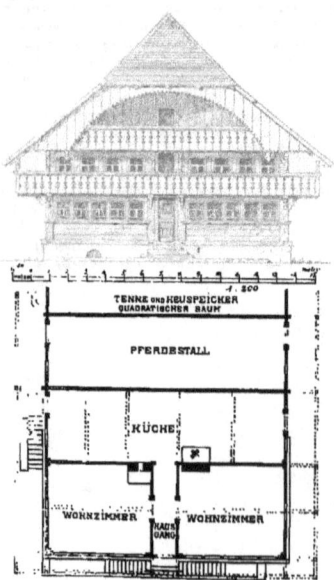

Fig. 35.

Der Dachstuhl enthält ungewöhnlich lange Aufschiebelinge, was den Bruch der beiden Dachflächen, Fig. 35, erklärt.

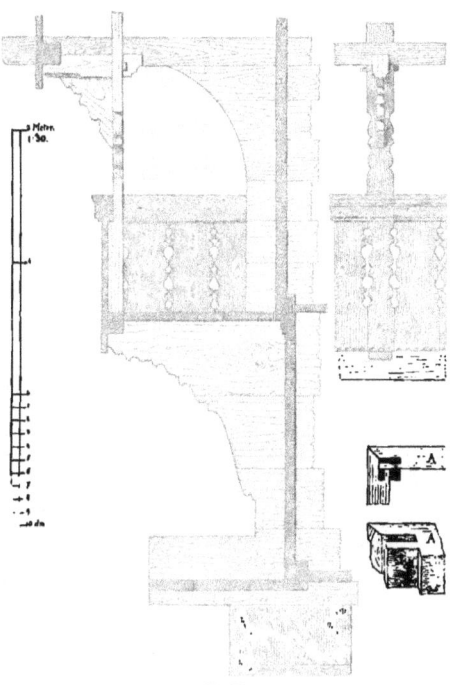

Der mit Bohlen belegte Vorplatz am Giebel ist 1,08 m breit.

Die Dicke der Blockwände beträgt 6,4 cm, deren Vorstösse 24 cm.

Im oberen Stock stehen nur die beiden Giebelwände um 8 cm vor den unteren.

Die vordere Galerie zwischen den Wänden ist 1,2 m breit und die beiden Seitengalerien wie auch die hintere am Giebel haben 1 m Breite.

Statt der gewöhnlichen Dachsparren sind starke Bohlen auf die Pfetten gelegt und darauf mit feinen Schindeln gedeckt. Die Pfetten sind durch die Giebelwände und dazwischen durch je einen Pfosten gestützt. Die Laubenträger dieses Speichers sind in Fig. 37 nebst dem Grundriss eines Eckpfostens dieser Laube mit den Zapfen der Brustriegel dargestellt.

Zum Annageln der obersten Giebelbretter ist ein Quorbalken in die beiden Fusspfetten eingezapft. Derselbe wird durch den Mittelpfosten der Laube nach Fig. 37 mittelst eines kurzen Trägers gestützt, der mit einem langen verkeilten Zapfen durch den Pfosten greift.

Fig. 38.

Fig. 37.

Von der eingestemmten Jahreszahl Fig. 38 ist die letzte Ziffer rechts durch ein später vorgenageltes Brett verdeckt.

Wohnhaus in Jenaz.
(Tafel 11.)

Das Prättigau, das Alpenthal der Landquart, steht mit dem Rheinthal durch die schmale Felsenpforte der Klus in Verbindung und vermittelt in klimatischer und landschaftlicher Hinsicht die hochalpine Welt Graubündens mit den breiten Stromthälern des Flachlandes.

Die Bewohner, welche noch bis ins 14. Jahrhundert romanisch sprachen, sind mit der Zeit germanisiert und durchaus protestantischer Konfession. Sie hatten während der ersten Hälfte des 17. Jahrhunderts, zur Zeit des dreissigjährigen Krieges für ihren Glauben wie für ihre politische Unabhängigkeit vielfache Kämpfe zu bestehen.

Infolge der dabei stattgefundenen Verheerungen sind uns nur wenige Spuren von der ältesten Bauart in diesem Thale erhalten. Wir erkennen aus denselben, dass in den ältesten Zeiten der allemannische Ständerbau hier noch angewandt, nach dem dreissigjährigen Kriege aber vollständig durch den Blockbau verdrängt wurde, indem wir, mit Ausnahme vereinzelter steinerner Patrizierhäuser, von dieser Zeit an alle Wohnhäuser und Stallungen entweder aus ganz runden oder viereckt beschlagenen Blockbalken erbaut sehen. Diese Blockhäuser, welche im wesentlichen ihren Charakter bis auf den heutigen Tag beibehalten haben, weichen, abgesehen von der allgemeinen schweizerischen Grundrissanlage, in vielen Beziehungen ganz eigenartig von denen anderer Kantone ab. Wohl aber verdienen sie unsere besondere Aufmerksamkeit dadurch, dass sie einige wichtige Vorzüge mit dem vollendeten Berner-Oberland-Stil gemein haben.

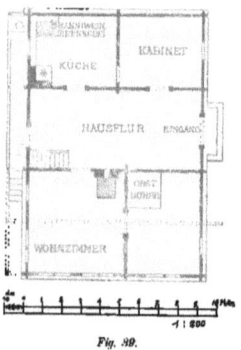

Fig. 39.

Dazu kommt, dass sich die Malereien auf einigen Blockhäusern aus dem Ende des vorigen und Anfang dieses Jahrhunderts unter dem Schutz des weit ausladenden Daches gut erhalten haben.

Diese Malereien zeigen den romanischen Ursprung durch die dabei bevorzugten Kreis- und stilistischen, nicht unmittelbar von der Natur entlehnten Formen.

Die braunrote natürliche Farbe der Rottanne herrscht hierbei als Grundton vor und die sehr sparsamen Malereien dienen nur zur Hervorhebung der Inschriften oder zur Belebung der 1,2 m breiten Unterschichten des Giebeldaches und seiner stützenden Pfettenköpfe.

Die treue Anhänglichkeit der Prättigauer an ihren evangelischen Glauben bewährte sich auch in den Friedenszeiten, wo der wachsende Wohlstand die Baulust weckte und an den Giebelfronten der Wohnungen religiöse Inschriften in deutscher Sprache in Holz eingerissen und dann die Buchstaben in gotischen oder lateinischen Zügen auf weissem Grunde sehr zierlich schwarz gemalt wurden.

Die Wirkung dieser weissen Schriftbänder über den Fenstern wurde durch ebenso breite Bänder von bunten Kreisornamenten sowohl ober- wie unterhalb noch gehoben, so dass die ruhige Horizontallinie vorherrscht.

Die Farben blau, rot, weiss und schwarz, zuweilen auch gelb, violett und grün spielen dabei ihre Rolle auf der gleichen Zeichnung des Ornamentes, bei verschiedenen Häusern auch in verschiedener Ordnung.

Bei den aus ganz runden Blockbalken erbauten Wohnungen ist doch allemal das oberste Giebeldreieck aus beschlagenem Holze konstruiert, um die Namen des Bauherrn, des Zimmermeisters und die Jahreszahl darauf malen zu können.

Die Tafel 11 zeigt einen Teil der Giebelfronte von einem Hause in Jenaz aus dem Jahre 1805 nebst den zu derselben Zeit darauf angebrachten Malereien.

Die starken Brettschindeln des Daches ruhen auf dichtschliessender Verschalung und sind hier wie in den Urkantonen reihenweise und je den Pfetten entsprechend mit schweren Steinen belastet.

Bei diesem erst im Anfange unseres Jahrhunderts erbauten Hause gehen abweichend von der noch kurz zuvor üblichen Bauweise alle Blockwände von 16 cm Stärke in senkrechter Flucht ohne Gurtgesimse, wie auch ohne Vorsprünge der Etagen durch, so dass auch die dietentragenden Blockbalken nur eine Verstärkung der Höhe nach zeigen.

Der Grundriss Fig. 39 wiederholt mit Anlage eines ungewöhnlich breiten Hausganges die allgemeine schweizerische Einrichtung.

In der schmalen Seitenlaube, Tafel 11, steht ein senkrechter Pfosten, welcher sich in seinen beiden Endzapfen drehen lässt, so dass die an ihm befestigte 1 m breite und 3 m lange Bretttafel nach aussen gedreht werden kann, um die darauf gelegten Kirschen in der Sonne zu trocknen.

Eine solche, mit dem Namen Toure-Dörre bezeichnete Vorrichtung haben wir in Fig. 40 von einem andern Hause zu Jenaz hier in zwei Lagen jener Bretttafel dargestellt, wo nach der Zeichnung links die Kirschen von den Giebelfenstern aus aufgelegt und rechts in der Sonne getrocknet werden.

Fig. 40.

Diese kleinen wilden Kirschen, welche dort wie auch in der Gegend von Chur mit Vorliebe kultiviert werden, erlangen mit der Reife eine grosse Süssigkeit und bilden getrocknet einen ansehnlichen Handelsartikel.

Haus in Grüsch.

(Tafel 12.)

An das vorhergehende, im Anfang dieses Jahrhunderts in Jenaz erbaute Haus schliessen wir auf Tafel 12 ein älteres Haus von Grüsch aus dem Jahr 1685, welches den Blockhausbau der letzten beiden Jahrhunderte im Prättigau ebenso in vierkantig beschlagenen Balken veranschaulicht, wie das Haus Fig. 41 aus demselben Orte in rundem Wandholz. Auf dem gemauerten Untergeschoss erheben sich die beiden Etagen in Holz, von denen die untere als eigentlicher Wohnboden, die obere zu Schlaf- und Vorratsräumen dient. Wie bei der allgemeinen schweizerischen Grundrissanlage führt die seitliche Treppe unter dem Schutz des weitausladenden Daches zur Hausthüre und zu dem schmalen Hausgang zwischen der hinteren gemauerten Küche und den beiden vorderen in Holz konstruierten Wohnzimmern. Die Küche enthält einen geräumigen Rauchfang zu der gemauerten Rauchröhre.

Fig. 41.

Das Haus Tafel 12 hat mit Einschluss der Wandstärken von 13,5 cm eine Giebellänge von 9,8 m, die Seitenlaube eine Breite von 0,7 m, und das nahezu quadratische Wohnzimmer misst bei einer Giebelhöhe von 5,4 m bei einer Tiefe von 5,1 m im Lichten. Die Blockbalken stossen 15 cm vor die Wände. Die Dielen der Fussböden liegen einfach überfalzt in den um 3 cm verstärkten oder erhöhten Wandbalken.

An der Giebelfronte finden mehrfache Überkragungen der oberen Wandteile vor den unteren statt. Dieses Vorschieben bezweckte einesteils die ruhige Horizontallinie der tieferen Schatten, andernteils durch die damit verbundene Ausschmückung mit Konsolchen, Oculis und Wasserlauf mehr hervorzuheben.

Im Berner Oberland fallen die stärksten dieser Wandvorsprünge in die Höhe der Fensterdeckhölzer oder unmittelbar darüber in die der Diolenträger, im Prättigau dagegen stets in die Höhe der Fensterbänke, welche um 6—9 cm nach aussen verstärkt, die um dasselbe Mass vorstehende obere Wand tragen. An den Traufseiten wiederholt sich oft der gleiche Vorsprung, aber nur bei den unteren Fensterbänken, von wo aus diese Wände in senkrechter Flucht bis unter das Dach reichen. Demgemäss nehmen auch die Profile der Vorstösse an den Hausecken und Scheidewänden, wie in Fig. F Tafel 12 zu ersehen, ihren Anteil an diesen Wandvorsprüngen. In dieser Figur haben wir das Profil der unteren Fensterbank von einem andern Hause aus derselben Zeit entnommen.

Einen ganz analogen Wandvorsprung zeigen einige der ältesten Blockhäuser der nahen Kantone Uri und St. Gallen, wie auch dieselbe Art und Weise der Unterstützung der unteren Fensterbänke mittelst kleiner in die Wand mit Schwalbenschwanzzapfen eingesetzter Konsolen, deren Längenfasern in senkrechter Richtung dem Druck von oben widerstehen. Während aber dort diese Konsolen nur vereinzelt und zufällig vorkommen, so erscheinen sie an vielen Häusern im Prättigau systematisch unter der Bank bei jedem Fensterpfosten des ersten Wohnbodens. Als Beispiel führen wir in Fig. 42 ein einfaches Fenster aus Schiers vom Jahr 1762 hier an.

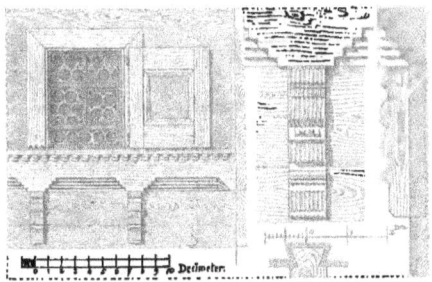

Fig. 42.

Ein geringerer Vorsprung findet sodann bei den Diolenträgern über den Giebelfenstern wie auch im obersten Giebeldreieck statt, nie aber an den Traufseiten. In den Fig. A, B, C, D Tafel 12 haben wir der Reihe nach, von unten nach oben, die verschiedenen Gesimse der Giebelfronte desselben Hauses mit den zum Teil noch erhaltenen Farben je in anderer Schraffur dargestellt, so dass die hierbei vorkommenden drei Farben, schwarz, rot und weiss durch abgestufte Töne, wie auch die natürliche braunrote Farbe der Rottanne durch eingezeichnete Holzadern leicht zu erkennen sind. Eine Ausnahme hiervon bildet nur der hellere Ton in Fig. C, welcher grün statt rot vorstellen soll. In dieser Figur ist das Schriftband richtig und zweizeilig angegeben, in der Ansicht des Hauses aber nur eine Zeile eingeschrieben.

Das in der Mitte der Traufseite angegebene Gesimse von Konsolchen ist nur in die glatte Wand vertieft eingemeisselt.

Die Fenster sind meistens paarweise nach der Tyroler Bauart mit einem schmalen zuweilen profilierten Mittelpfosten zwischen breiten Pfeilern angebracht und mit Klappläden versehen, welche sich bei schmalen Fensterpfeilern doppelt auf einander legen. Ihre äussere Bekleidung besteht oft aus bemalten zierlich profilierten Brettern und einem bekrönenden Gesimse wie in Fig. 13 bei einem Hause von Luzern aus dem Jahr 1784.

Das Dachwerk mit seiner Eindeckung steht am Giebel 1,2 m vor und die Pfetten von 21 auf 30 cm Stärke treten wie das äusserste Gespärre 1,05 m vor die Wand.

Jeder Sparren ist dreimal gestützt, durch die auf der Blockwand ruhende Fusspfette, durch die oberste nahe an der Firstlinie und durch die genau zwischen beide fallende Mittelpfette. Ausnahmsweise kommt auch eine Firstpfette wie in Fig. 41 vor. Der Einfluss des nahen Tyrols zeigt sich auch bei den Pfetten, welche wie dort meistenteils durch einen untergelegten Träger von gleicher Stärke oder von gewöhnlicher Wandstärke unterstützt sind. Derselbe ist im Innern des Dachraumes, um so weit als er aussen vorsteht, stumpf abgeschnitten.

Fig. E Tafel 12 zeigt die oft wiederkehrende Profilierung solcher Doppelträger nebst deren Bemalung an den Stirnseiten mit schwarz, rot und weiss. Am Fusse des Daches haben diese Doppelträger das gleiche Mass der Verstärkung, stets aber nur einseitig, nach der Innenseite des Hauses, um die senkrechte Flucht der Traufseiten einzuhalten.

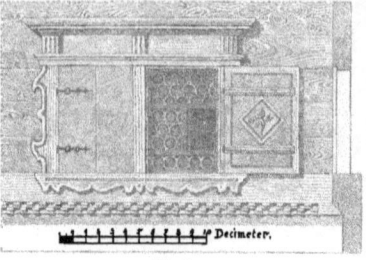

Fig. 13.

Tafel 13, 14, 15.

Die Blockbauten im Kanton Wallis, davon wir in den hier folgenden Tafeln einige ausgewählte Beispiele geben, verdienen unsere Beachtung durch ihre von denen der übrigen Schweiz in konstruktiver wie auch in dekorativer Hinsicht abweichenden und bemerkenswerten Eigentümlichkeiten.

Wenn man von Andermatt her über den Furkapass nach dem Rhonegletscher und weiter abwärts, dem oberen Rhonethal entlang in das Walliser Land herabsteigt, so findet man in den dort gelegenen Ortschaften gleich den charakteristischen Blockbau, welchen auch die Dörfer der Seitenthäler mit jenen des Haupt- und Rhonethales gemeinsam haben. Wir fassen hier besonders das Lötschenthal und das Thal von Hérémence ins Auge, weil der Stil des benachbarten Berner Oberlandes unzweifelhaft veredelnd vorgewirkt und auf die sehr hoch gelegenen Ortschaften dieser Seitenthäler eingewirkt hat.

Die unterscheidenden Merkmale dieser Walliser Blockbauten bestehen hauptsächlich:

1. in der erweiterten Anwendung und Verbindung des Steinbaues mit dem Blockbau;
2. in der Vertauschung der einfach quadratischen Grundform des Hauses mit dem doppelten Quadrat. Es sind nämlich die am Frontgiebel liegenden Wohnzimmer mit Blockwänden umgeben und bilden den vorderen meist quadratischen Teil. An diesen schliesst sich der hintere fast ebenso quadratische aber von Bruchsteinen gemauerte Teil, welcher die Hausflur mit der seitlichen Hausthüre, die Treppe und die Küche nebst Vorratskammer enthält und bis unter das beiden Teilen gemeinsame Dach reicht;
3. in der Anlage von mehreren bewohnbaren Geschossen übereinander, indem sich zuweilen erst auf zwei gemauerten Stockwerken das Blockhaus von zwei bis vier Etagen erhebt;
4. in der Verstärkung der Zwischenböden, indem die sonst übliche einfache Dielenlage hier durch eine doppelte, unter sich getrennte und dazwischen mit Waldmoos ausgefüllte, ersetzt ist; die Veranlassung dazu lag in der durch die Örtlichkeit bedingten Benutzung jeder Etage für eine andere Familie, wogegen in der übrigen Schweiz die obere Etage nur zu Schlafzimmern und Gerättekammern verwendet wird;
5. in der Verstärkung der Blockbalken, deren Dicke der Wände nach von 15 bis an 21 cm, sowie auch der Höhe der Balken nach, wobei dem Wuchs der Stämme gemäss, an den Hirnseiten der Vorstösse, die Zopfenden von cirka 16 cm Höhe mit den Wurzelenden von 30—40 cm Höhe wechseln;
6. in der Anwendung von schieferartigen Steinplatten oft in Verbindung mit Schindelbrettern zur Dachdeckung;
7. in der 27—30 cm breiten Zwischenpfosten der gekuppelten Fenster, während deren äusserste Pfosten nur halbe oder geringere Breite haben, solches aber in der übrigen Schweiz gerade in umgekehrter Weise stattfindet;
8. in der Disposition der Fensterladen, da an vielen Häusern nur die äussersten beiden der gekuppelten Fenster mit seitwärts aufgehenden Klappläden versehen, die übrigen dagegen mit solchen nach abwärts um zwei auf der Bank befestigte Charniere drehbar sind;
9. in der dunklen fast schwarzen Farbe, welche das Lärchenholz dieser Bauten mit der Zeit annimmt und den Ortschaften ein düsteres Ansehen verleiht. Zur richtigen Würdigung derselben muss man sich deshalb den ehemaligen Zustand vorgegenwärtigen, wonach das Holz grossenteils noch bemalt war.

Die grossen Lärchenwälder, welche man im oberen Wallis vorzugsweise an den südlichen Abhängen der Berge, an den nördlichen dagegen durch Tannenwälder ersetzt findet, wurden wegen den drohenden Lawinen, die periodisch an denselben Stellen der Thalsohle eintreffen und die Wiesen mit Steingeröll überlagern, immer gut unterhalten und erleichterten die Anwendung von starkem Bauholze. Jene Lawinen gaben auch Veranlassung zu den in engen Gassen nur wenig von einander getrennten Wohnungen, Stallungen und Speicherbauten, auch zur Anlage mehrerer Stockwerke übereinander.

So ist das Pfarrdorf Kippel an der Lonza durch Lawinengänge dicht vor und hinter dem Orte so beschränkt, dass das Terrain für einen Neubau daselbst nur mit vielen Schwierigkeiten zu erlangen ist. Dank übrigens der konservativ-katholischen und deutschredenden Bevölkerung von Oberwallis sind dort die alten Blockhäuser gut erhalten.

Als Beleg zu den oben angeführten unterscheidenden Merkmalen führen wir in erster Linie das kleine, von Peter Rieder im Jahre 1665 erbaute, wenn auch im inneren Ausbau unvollendet gebliebene Wohnhaus in Kippel an. Dieses einfache, in guten Verhältnissen konstruierte Haus, Fig. 44, dient uns als Repräsentant des im Kanton Wallis allgemein üblichen Blockhauses, während die auf den Tafeln 13 und 15 dargestellten Häuser mehr oder weniger von der Bauart des Berner Oberlandes beeinflusst erscheinen.

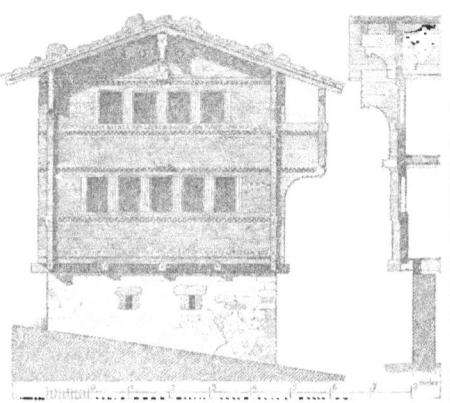

Fig. 44.

Dem Grundplan dieses Hauses nach liegt am vorderen Giebel in jeder der beiden Etagen über dem gemauerten Keller vorspringend ein quadratisches Zimmer von 5,4 m Seitenlänge. Darauf folgt der Hausgang mit der gemauerten Vortreppe zur seitlichen Hausthüre und mit der inneren Holztreppe zum zweiten Geschoss; Küche und Kammer schliessen sich dann am hinteren Giebel mit gemauerten Umfassungswänden unter gleichem Dach an die Blockwände des Wohnzimmers in jeder Etage an, so dass der ganze Grundplan ein doppeltes Quadrat bildet.

Die erwähnte beschränkte Örtlichkeit gestattete meist nur die Anlage von einer Seitenlaube mit dem Abort, wie bei Fig. 44.

Da, wo auch der Platz für eine Seitenlaube fehlte, findet man bei andern Häusern Vorderlauben in einer oder in beiden Etagen.

Die vordere Giebelwand ruht hier ebenso auf den vorstehenden Kellerbalken wie in Fig. 45 bei einem andern Hause in Kippel aus dem Jahre 1667. Diesem Vorschieben der Giebelfronte um 30 bis 72 cm begegnen wir bei einzelnen Häusern hier sowohl wie in den Urkantonen und im Berner Oberland, gewöhnlich mit derselben Zeichnung des spätgotischen Bogens auf der Blockwand über und zwischen den Balkenköpfen wie hier in Fig. 45.

Ebenso wie in den Urkantonen sind auch die am Giebel vorstehenden Pfettenköpfe profiliert oder ausgekerbt und deren stützende Balken mit einer Viertelskreiskurve an die Vorstösse angeschlossen. Insbesondere erscheinen häufig wie in Fig. 45 nach der Weise von Unterwalden unter den Pfetten mehrere gleichweit vorstehende Blockbalken, unter die sich dann erst obige Profilierung anschliesst.

Die Horizontallinie wird durch die wiederkehrenden Gesimse von je zwei kleinen übereinander verschobenen Konsolreihen hervorgehoben.

Mit der Ausladung dieser Gesimse, von 0,8 bis 6 cm, hält gewöhnlich die der oberen Blockwand gleichen Schritt und die Vorstösse folgen diesem nach.

Nach dem Querschnitt Fig. 44 bildet dagegen das Gesimse der oberen Fensterbank, welches für sich allein ausladet, eine Ausnahme von dieser Regel.

Wenn diese Konsolgesimse auch an den Traufseiten angebracht waren, so wurden die Konsölchen meistens in die durchlaufende Wandflucht vertieft eingemeisselt. Die Bemalung der Konsölchen mit den sich in gleicher Ordnung wiederholenden Farben weiss, schwarz, rot und grün und deren reihenweiser Überbindung musste sodann den Mangel der grösseren Ausladung ersetzen.

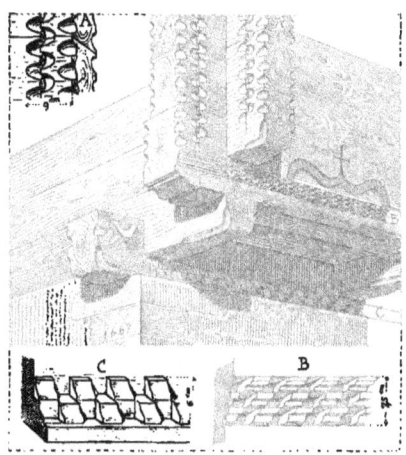

Fig. 45.

Deshalb wurden auch oft zwei- oder dreifache Konsolreihen von einem kurzen Zwischenraum untereinander getrennt, ganz analog dem Backsteinbau, wo der Mangel an tiefen Schatten durch die Höhe der Gesimse ersetzt wird.

Solche, dem romanischen Würfelfries nachgebildete und in gleicher Form stets wiederkehrende Gesimse machen immer eine zweckdienliche, wenn auch monotone und strenge Wirkung. Sie waren im Wallis sowohl wie am Vorderrhein in Graubünden sehr beliebt, ja, an der Giebelfronte eines drei Stock hohen Hauses in Kippel kommen sogar neun solcher Konsolgesimse übereinander vor.

Am vorderen Giebel des Hauses Fig. 44 ruhen die Dachsteinplatten auf vernuteten Brettern, welche 30 cm vor die äussersten Dachsparren treten. Im allgemeinen ist jedoch dort die Bekrönung der Giebel vernachlässigt, indem jene Bretter meist durch starke Latten von Halbholz zum Tragen der rauhen Steinplatten ersetzt sind. Übrigens geniessen die Blockwände durch solchen auf 1,2 bis 1,8 m erweiterten Dachvorsprung eines besseren Schutzes als in den Urkantonen, wo der geringere Vorsprung des Hauptdaches die sogenannten Klebdächer in jeder Etage nötig machte.

Wie im Schnitt Fig. 44 angedeutet ist, besteht der Zwischenboden, soweit die Blockwände reichen, aus doppelten durch eine Moosschicht getrennten Dielenlagen, bei dem Dachboden und den ummauerten Räumen aber aus einfacher Dielenlage.

Fig. 46 zeigt jene Bodenkonstruktion von einem andern Hause in

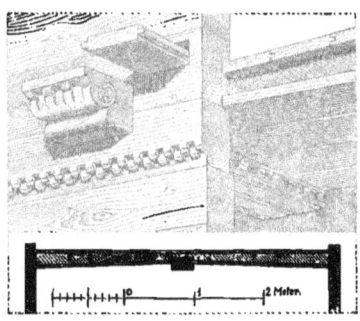

Fig. 46.

Kippel, wo die Keildiele der Bodenbretter zugleich mit dem Kopf des Trägers der Deckendielen aussen an der Giebelwand vortritt.

Hiernach tragen die Wände nebst den Tranfseiten parallelen Zwischenträgern beide Dielenlagen, und der einzige, sonst in der Schweiz immer vorkommende, mit der Giebelseite parallele Balken, als Unterzug der einfachen Dielenlage, fällt hier weg. Die Deckendielen liegen parallel mit dem Giebel, die Bodendielen aber parallel mit den Traufseiten. Jener Dielenträger dient also nicht als Unterzug, sondern bildet, nach dem der Fig. 46 unten beigezeichneten Querschnitt, mit seinen beiderseits schräg eingenuteten und unter sich vernuteten Dielen, gleichsam ein einfaches Sprengwerk, welches sich auf die Aussenwände stützt und dieselben zugleich vorspannt.

Infolge dessen liegt er auch bei 18 cm Höhe auf seiner Breitseite von 30 cm und erscheint bei grösserer Spannweite des Zimmers mehrfach, nämlich bei 6 m Spannweite zweifach und bei 8 m dreifach.

Selten nur sind diese Dielenlagen ihrer Richtung nach vertauscht und treten dann jene Köpfe an den Traufseiten vor.

Ebenso selten tritt die Keildiele der oberen Dielenlage aussen vor, indem man die äusserste an die Blockwand stossende Diele in die tiefere schräg gestemmte Wandnut einschob und dann beitrieb.

Die genannten Träger stehen an der Decke 6—7 cm vor und sind gewöhnlich an ihrer Unterseite mit zierlich eingestemmten deutschen oder lateinischen Sinnsprüchen, sowie mit der Jahreszahl der Erbauung des Hauses geschmückt.

In zweiter Linie führen wir in Fig. 47 das im Jahr 1698 in Kippel erbaute Schul- und Rathaus als Beispiel des Walliser Block-

wärts führende steinerne Kellertreppe, andererseits oben eine Küche, in deren Giebelwand nach Fig. 49 urtümliche Trittstufen eingeschoben sind, um auf den erhöhten, geräumigen als Heuspeicher dienenden Dachraum zu gelangen.

Das genannte Geschoss gleicher Erde wird als Keller, das darauf folgende sehr niedrige Zwischengeschoss als Kornspeicher benutzt. Letzteres hat seinen besonderen Eingang mit Vortreppe an der Traufseite.

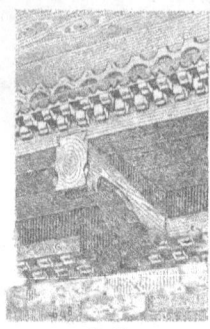

Fig. 50.   Fig. 51.

Nach dem Grundriss Fig. 48 sind drei kleine Lauben ausgebaut. Zu der einen muss man von der Wendeltreppe aus zu der höher liegenden Laubenthüre steigen, die andere Seitenlaube dient als Abort und die hintere als Speisekammer für die Küche.

Die Blockwand der Giebelfronte ragt nach Fig. 50 auf den um 48 cm vor die Mauer vortretenden Balkenköpfen.

Die 27 cm breiten und 81 cm hohen Zwischenpfosten der Schulfenster sind aussen nach Fig. 51 mit eingestemmten Kreisornamenten geschmückt, welche bei jedem dieser Pfosten verschieden gruppiert sind.

An der Giebelfronte wird auch hier die Horizontallinie durch mehrere Konsolgesimse von je 3 cm Ausladung, welche die um gleiches Mass vorstehenden oberen Blockschichten tragen, hervorgehoben.

Die Dachpfetten haben dasselbe Profil wie die Kellerbalken Fig. 50, mit der Viertelskreiskurve darunter. Bezüglich der Höhenmasse dieses Hauses bemerken wir, dass die lichte Höhe des Ratssaales 2,4 m, die Brüstungshöhe der Fenster innen 1 m, die lichte Weite der Fenster 56 cm und deren Höhe 76 cm beträgt, welche Masse auch für den unteren Schulsaal gelten.

Fig. 47.

baues hier an. Fig. 48 zeigt den Grundriss vom zweiten Holzboden, worin der Ratssaal liegt, während der unter ihm liegende gleichgrosse Raum als Schulzimmer dient. Die Hausthüre am hinteren Giebel, mit steinerner Vortreppe, führt zu dem Vorplatz vor dem unteren Schulsaal.

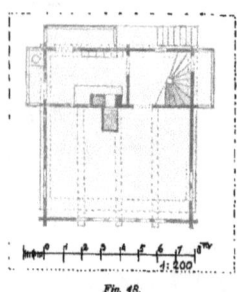

Fig. 48.   Fig. 49.

An diesen Vorplatz schliesst sich einerseits eine gestemmte Treppe von zwölf Stufen um einen starken Mönch gewunden, sowie eine ab-

Die beiden Säle bedingen je drei Träger der Deckendielen, deren vorstehende Köpfe deutlich in Fig. 47 zu erkennen sind.

Im Ratssaal sind die Untersichten der drei Träger in folgender Weise beschrieben:

der mittlere mit der Jahreszahl 1698;

der eine seitliche mit den Worten:

Domus amica. J. H. S. (Jesus hominum salvator.)
Domus optima. Maria. Joseph.

Ein Haus der Eintracht bewohnt die H (Heilige) Dreifaltigkeit.

der andere seitliche enthält:

Wer baut ein Haus muss bald daraus oder dann er baue ein ewiges Haus das dir bereite ein Haus das steht in Ewigkeit.

Rücksichtlich der Stabilität der nahezu 8 m langen Giebelblockwand ist der scheinbare Mangel an Versteifung um so auffallender, als sonst in der Schweiz, überall wo eine Wand über 6 m Länge nicht durch Scheidewände gebunden ist, eine künstliche Versteifung, wie wir früher nachgewiesen, angebracht wurde. Abgesehen nun von der oben angeführten Verstärkung der Walliser Blockwände, in vorliegendem Falle auf 18 cm, was deren Stabilität befördert, müssten wir gerade die aussen vorstehenden starken Dielenträger, welche periodisch auf 2 m Distanz, sowohl der Höhe als der Länge der Wand nach wiederkehren, als feste Knotenpunkte betrachten, welche, den starken Bindern einer Manor vergleichbar, die Wände unter sich verspannen und deren Stabilität sichern.

Zur Rechten vom Schulhause Fig. 47 ist die Lehrerswohnung und der dazu gehörige Kornspeicher gezeichnet. Die Blockwände der aus beschlagenem Bauholze konstruierten Walliser Kornspeicher sind zum Schutz gegen Nagetiere von grossen, runden Steinplatten unterlegt und diese von starken Holzpfosten, sogenannten Beinen, auf den Stallmauern getragen.

Die Ortsstrasse zwischen dem Schulhause und der Lehrerswohnung führt zu der tiefer unten an der Lonza gelegenen Mahl- und Sägemühle.

Haus in Kippel.
(Tafel 13.)

Das von Kippel auf Tafel 13 dargestellte Wohnhaus für zwei Familien zeigt unter der Giebelspitze die Jahreszahl 1776, an der Decke des zweiten Wohnbodens das Jahr 1777 und auf einem Dielenträger daselbst das Jahr 1774.

Damit stimmt die Tradition überein, wonach das Haus in seinem Bau unterbrochen worden sei. Indessen haben dieselben Zimmermeister aus der Familie Murman von Kippel das Haus in jenen Jahren errichtet, da allen Ornamenten der gleiche eigentümliche Charakter entspricht. Dieser Charakter, welcher sich sowohl bei den vorstehenden Inschriften nach dem Muster von Fig. 52 als auch bei allen Profilierungen, Ranken, Blättern und Blumenornamenten kund giebt, ist hier schon, vom nahen Italien beeinflusst, mehr dem Stil der Renaissance verwandt.

Fig. 52.

Es ist unstreitig das am reichsten verzierte Haus des ganzen Lötschenthales.

Sein äusserer Schmuck harmoniert nur insofern mit dem der Häuser des Berner Oberlandes, als die horizontalen breiten Gurtungen zwischen den Fensterreihen aus mehreren aufeinander folgenden dekorierten und gezimmerten Zonen bestehen, natur welchen sich die auf weissem Grund mit schwarzen Lettern in das Holz eingerissenen Schriftzonen am meisten geltend machen*)

Auf der Giebelfronte sind die verschiedenen Inschriften richtig angegeben, nur die griechischen Worte auf dem Schriftband über den oberen Fenstern sind mit der Zeit unkenntlich geworden. Über den unteren Fenstern rechts sieht man einige Schriftzeichen eingraviert, welche wahrscheinlich nur dem Glauben dienten, dass durch diese schützenden Zeichen Unglück vom Hause abgehalten würde. Auch haben dieselben wirklich bereits über hundert Jahre ihre Kraft bewährt.

Alle Ornamente waren früher in den Farben weiss, rot, schwarz und grün bemalt. Ebenso die Unterischten der Sparren nach e, Tafel 13, und die Felder zwischen denselben, wovon sich noch eine aufgemalte Klosterkirche sowie verschiedene kleine Tiergestalten erhalten haben.

Die Köpfe der Dielenträger von 18 auf 30 cm Stärke treten nach dem Profil d, Tafel 13, vor die Blockwand.

Die Profile der 1,05 m ausladenden Dachpfetten a, b, c, Tafel 13, zeigen eine originelle Verbindung der urkantonalen Formen mit denen des Berner Oberlandes. f, Tafel 13, stellt das Ornament im Giebeldreieck vor, g, Tafel 13, das Gesimse der zweitoberen Fensterbank und h, Tafel 13, die Reliefornamente auf den zweitoberen Fensterpfosten.

Der Grundriss vom zweiten Geschoss ist in Fig. 53 dargestellt. Derjenige vom ersten Holzboden unterscheidet sich von jenem nur durch die auf der Traufseite zur Rechten zurückgesetzte Blockwand und durch die an derselben liegende Haustüre mit der steinernen Vortreppe. (Siehe Tafel 13.)

Letztere führt durch einen Gang hinter der unteren Wohnstube zu der in Fig. 53 gezeichneten Treppe auf das obere Geschoss, von dessen Vorplatz man einerseits zur Küche, andererseits zu einem Schlafgemach gelangt, dessen im Grundriss eingezeichnete Bottistatt am Vorderbrett die nach dem Muster Fig. 52 keilförmig eingestemmten Worte enthält:

„Ich Gehn Ins Bett Vielleicht In Tod".

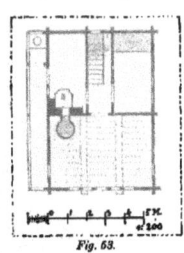

Fig. 53.

An der Traufseite zur Linken ist in beiden Etagen eine Laube angebracht, welche die Aborte enthalten.

Bezüglich der Höhenmasse des zweiten Holzbodens fügen wir noch bei, dass die lichte Höhe der Wohnzimmers 2,13 m, die innere Fensterbrüstungshöhe 1,17 m, die Höhe der Fenster 0,78 m, deren Weite im Lichten 0,54 m und die Breite der Zwischenpfosten 0,27 m beträgt.

Die Decke des Wohnzimmers der zweiten Etage, welche durch zwei Dielenträger in drei grosse Felder geteilt wird, enthält mehrere eingestemmte Inschriften und Ornamente, die früher auch wohl bemalt waren. Wir führen diese teils in lateinischen Lettern, teils in zierlicher Ribolschrift nach dem Muster Fig. 52 eingestemmten Schriften zur Charakteristik der damaligen Zeit hier an:

---

*) Der Sinn für feinere Holzarbeiten ist heute noch im Dorfe Kippel lebendig; diesen beweist der Schreiner Rieder daselbst, welcher nur dort sein Handwerk erlernte und nie seinen Heimatsort verliess, um eine Gewerbeschule zu besuchen. Derselbe hat verschiedene Sekretäre mit eingelegten Holzmosaiken von hellen und dunklen Holzgattungen, sowie mit zierlichen Reliefornamenten seiner eigenen Phantasie in neuerer Zeit angefertigt und zum Teil schon gut verkauft.

1. Der Dielenträger links enthält an seiner Unterseite in zwei Schriftreihen:
„J. M. Jos. Dieses Gebouw hat gemacht Meister Zimmermann, Alexius Murman und Aloisius Murman im Jahr 1774 „den 10 Weinmonat."
2. Der Dielenträger rechts enthält ebenso in zwei Zeilen:
„Hoc opus, fieri fecit pl'mr'dus ac doctissimus d'nus d'nus „j'oes andreas murman curatus in ciohon."
„Jesus. Maria Joseph unter eurem Schutz steht dieses Haus."
3. Das mittlere Feld zwischen jenen Trägern enthält zunächst der Zimmerthüre den Spruch:
„Ich Gehe Aus Oder Ein, so kommt der Tod und wartet „Mein."

Darauf folgt ein Totengerippe, welches mit seinen Beinen über einer Weltkugel steht, die in vier Felder geteilt verschiedene Städteansichten enthält, und mit seinen Knochenhänden eine Tafel fasst, worauf die Worte stehen:
„Qualis vita mors est ita."

Weiterhin folgen drei grosse sechseckige Sterne in Kreisen, welche mit Ranken und Blumen umgeben sind.
4. In dem einen grossen Seitenfeld links stehen nur die sehr gross geschriebenen Worte:
„Alles Gott Zu Lieb."
5. In dem andern Seitenfeld liest man über der Stelle des Speisetisches zunächst der Fenster:
„Trink Und Is Gott Nit Vergis."
Darauf folgen die gezierten Zeichen für
„Maria Jesus Joseph."
Ferner der Spruch:
„Wer Seinem Nechsten Die Ehr Abschneid'T
„Der Weich Von Meiner Tafel WeiT."
und in sehr grosser gezierter Zeile
„Gott Sei Dank."
Den Schluss bildet eine umrahmte viereckte Tafel mit der Zeitangabe „1777 den 17. Jener."

Ein Alpenhaus im Lötschenthal und das Schulhaus in Steg.

(Tafel 14.)

Die Tafel 14 enthält zur Linken ein kleines Alpenhaus von der nur im Sommer bezogenen Hochalp der Gemeinde Kippel. In unserer Darstellung haben wir dieses hochstehende Haus auf das weit tiefere Plateau des Ortes Kippel herunter geschoben.

In der Mitte der Tafel sieht man das Lötschenthal von Kippel aus gegen das Dorf Wyler und den Lötschengletscher im Hintergrund, der einen Zweig vom grössten Gletscher in Europa bildet.

Im Vorgrund steht ein aus starkem Bauholz konstruierter Brunnen, welcher von Hérémence entnommen ist; die Leute auf der Hochalp beziehen ihren Wasserbedarf von den aus den Wiesen entspringenden kostbaren Quellen.

Diesem ganz ähnliche Brunnen sollen sich mehrere im Lande Savoyen befinden.

Zur Rechten auf Tafel 14 ist das Schulhaus von Steg abgebildet; dieses Steg ist ein kleiner Filialort von Gampel und liegt in dessen Nähe unfern vom Einfluss der Lonza in die Rhone, am Eingang des wildromantischen Lötschthals, in welchem die vier aufeinander folgenden Gemeinden Ferden, Kippel, Wyler und Blatten zu einer Genossenschaft vereinigt sind.

Betrachten wir nun eingehender das zuerst genannte Alpenhaus, auf dessen Giebelfronte der Namen des Zimmermeisters Murman von Kippel mit der Jahreszahl 1772 steht, so würden wir, im Falle dieser Meister nicht genannt wäre, dessen geschickte Hand doch an der Übereinstimmung des Stilcharakters dieses Hauses mit dem vorbeschriebenen von Kippel erkannt haben.

Vorzugsweise stehen auf der Südseite des Thales auf dieser Hochalp solche Blockhütten, auf gemauerten Stallungen, immer mit dem Wohnzimmer an der Giebelfronte gegen Süden am Bergabhange, so dass die beiden seitlichen Hausthüren in die gemauerte Küche hinter dem zugleich als Schlafzimmer benutzten Wohnzimmer höher liegen, als der Eingang zum vorderen Kuhstall.

Sie stehen teils vereinzelt, teils gruppenweise zusammen und entbehren grösstenteils jedes äusseren Schmuckes, so dass das hier dargestellte eine besondere Beachtung verdient.

Der Anblick dieses niedlichen Alpenhäuschens, das Minimum einer Wohnung für eine kleine Arbeiterfamilie, erweckt unwillkürlich unsern angebornen Sinn für das Schöne.

Es liegt eine wunderbare Poesie in dem Sommerleben auf diesen Hochalpen; dem Himmel so viel näher, weit vom tiefen unteren Treiben der Menschen, unterzieht sich der Mensch hier dem Kampfe ums Dasein; wie Robinson auf seiner Insel, ist er meist auf seine Erfindungsgabe angewiesen, um die unentbehrlichsten Lebensbedürfnisse zu befriedigen; aber die herrliche Alpenluft und die einfache Nahrung verleihen ihm eine Kraft, welche ihn leicht über alle Widerwärtigkeiten des Lebens erhebt.

Das Vermögen des reichsten Mannes im Lötschenthal beziffert sich auf etwa 50 000 Frs. und beruht auf seinem Viehbestand von Kühen, Rindern und Schafen, nach Schweinen, aber nur gesetzlich wenig Ziegen, weil diese die jungen Waldpflanzungen zernagen. Das Melken der Kühe, sowie die Bereitung von Butter und Käse ist im Sommer meist den Frauen und Jungfrauen auf der Hochalp überlassen, welche dann nur an Sonntagen oder hohen Festtagen zur Kirche herab in den Ort kommen. Die darin zurückgebliebenen Männer und Jünglinge bebauen die im Thale herumliegenden Äcker und Wiesen, wobei das alljährlich vorkommende Reinigen derselben von dem durch Lawinen herabgeschleppten Steingerölle eine mühevolle Arbeit bedingt. Wenige nur können den Mist auf dem Rücken eines Pferdes auf Acker und Wiese schaffen, die meisten verwenden ihren eigenen Rücken zur Stütze der Tragkörbe.

So dient auch die Beschaffenheit der Wege dorten zur Abhärtung der Menschen, indem keine bequeme Fahrstrasse zu den vier Hauptorten des Thales führt, sondern nur ein breiter Saumpfad für Pferde und Menschen, wie auch die Fusswege zu den Hochalpen mühevoll zu ersteigen sind.

Obgleich die Schulen nur im Winter gehalten werden und im Sommer die Knaben und Mädchen den Eltern behilflich sein müssen, so kommen sie doch an Leib und Seele von der köstlichen Alpenluft so gekräftigt in die Winterschule, dass den Zeugnissen nach diese Jugend unter die beste des Bezirks gezählt wird.

Die in einem Buche verdienstvoll gesammelten reichen und wunderbaren Sagen des Kantons Wallis beleben schon frühe die Phantasie dieser Jugend, so dass das Singen und Dichten, wie auch die Aufführung geistlicher Komödien in diesem Thale vorzugsweise beliebt ist. Das Einzige, was wir vermisst haben, sind die schönen Blumen vor den Fenstern und die Obstpflanzungen an den Hausmauern; obgleich dort Rosen und Nelken blühten, aber wegen den engen Gassen zu wenig Licht und Sonne haben würden.

Erfreulich war uns dagegen der Mangel an allen Bettlern, welche sonst wohl die Fremden belästigen, letztere aber ausser einem bescheidenen Gasthof am Fusse des Lötschengletschers in keinem Ort dieses Thales eine Unterkunft finden, es sei denn bei einem der geistlichen gastfreundlichen Herren oder Bekannten. Endlich würde auch ein Antisemit dort keinen Gegenstand seines Hasses finden.

Bezüglich der Masse des dargestellten Alpenhauses bemerken wir, dass sich das von Blockwänden umgebene quadratische Giebelzimmer von 4,2 m Seitenlänge an die oben so grosse so grosse angemauerte Küche dahinter unter gleichem Dach anschliesst. Die Holzwände sind 14 cm dick und stossen 21 cm vor. Die Zimmerhöhe beträgt im Lichten 2,01 m. Die Fenster sind im Lichten 51 cm hoch und 33 cm breit mit 24 cm breiten Zwischenpfosten. Deren äussere Brüstungshöhe misst 1,2 m. Sie sind mit Klappläden versehen, davon der mittlere sich um zwei auf der Bank befestigte Charniere dreht, und kleine Schubriegel dienen zum Schloss.

Die an den Traufseiten vorstehenden Stallmauern stehen am Giebel mit der Blockwand bündig. Der Stall hat die Grösse des Zimmers und ist am Boden, Mauern und Decke mit Brettern bekleidet, auf deren stete Reinlichkeit die äusserste Sorgfalt verwendet wird.

Da die lichte Höhe der Stallthüre nur 1,3 m beträgt, der innere Schwelle liegt, so setzt die Kuh beim Eintreten den Fuss niemals auf die Thürschwelle, sondern darüber weg auf den tieferen Stallboden. Stallboden aber 30 cm tiefer als die über den äusseren Boden erhöhte

Unter der Küche befindet sich ein kleiner durch gemauerte Stufen zugänglicher Keller.

Vor der Laufthüre zur Rechten liegt einerseits ein Schweinstall, andrerseits eine unter Pultdach angebaute ummauerte Vorrathskammer für Butter und Käse mit einer Thüre zur Küche und ohne Fenster.

Wenden wir uns nun zu dem im Jahre 1860 erbauten Schulhaus in Steg, Tafel 14, so sehen wir den mit Blockwänden umgebenen Schulsaal von 6,75 m Länge am Giebel und 5,4 m Tiefe auf einem hohen steinernen Unterbau, dessen Bruchsteinmauern übertüncht und mit gemalten Quadersteinfugen an den Ecken verziert sind.

Die dahinter liegende Küche von 3,9 m Tiefe und der Vorplatz zur Saalthüre von gleicher Tiefe sind durch die hintere Giebelmauer begrenzt.

Vor derselben liegt eine Holztreppe mit einer kleinen Galerie für den Abort.

Auch hier treten am Frontgiebel die beiden Köpfe der Dielenträger vor die Blockwand und der Sims der Fensterbank, die Köpfe der Dachpfetten, deren Fason, sowie die der äusseren Gespärre sind in kleinen überbundenen Felderreihen schwarz, weiss, grün und rot bemalt.

Die Fenster des geschlossenen Schulsaales konnten wir nur annähernd auf 75 cm Höhe und 50 cm Breite abschätzen.

Haus in Vex.
(Tafel 15.)

Von Sitten aus führt eine Poststrasse mit vielen Windungen zu dem hochliegenden Pfarrdorfe Vex im Seitenthal von Hérémence. Das noch höher gelegene Pfarrdorf Hérémence ist von Vex aus nur durch einen schmalen Saumpfad zugänglich. Beide Orte zeichnen sich durch den Schmuck ihrer Blockhäuser aus.

Bei einzelnen derselben erkennen wir dieses schon an der reichen Dekoration ihrer Wandvorstösse nach Fig. 45 (welche wir hier mit einer Hausecke von Kippel verbunden haben).

Die sonst üblichen Auskerbungen an den Kanten der Vorstösse, zur Maskierung der unvermeidlichen Verwitterung der Hirnseiten, wiederholen sich hier noch zweimal an jeder ihrer Seitenflächen, und die zwölf ansteigenden Reihen von Auskerbungen an jeder Hausecke waren früher in gleich wiederkehrender und überbundener Anordnung der Farben schwarz, rot, grün und weiss bemalt. Das Ausstemmen des Holzes an den Seitenflächen ging hierbei sehr rasch von statten: die Blockwände wurden nämlich etagenweise auf dem Werkplatz einzeln mit Verbindung aller Balken durch Holznägel errichtet, sodann umgelegt und mit einer 24 cm langen Säge nach der vorgezeichneten Richtung ein 2 cm tiefer Einschnitt senkrecht ins Holz gemacht, worauf die Auskerbungen von beiden Seiten mit dem Holzmeissel erfolgten.

Das auf Tafel 15 dargestellte Wohnhaus von Vex aus dem Jahr 1788 ist einzig in seiner Art, gleichsam ein exotisches Gewächs in diesem Lande.

Es hat von den eingangs erwähnten Eigentümlichkeiten des Walliser Blockbaues nur wenige beibehalten, dagegen hinsichtlich seines Holzbaues in vielen konstruktiven und dekorativen Beziehungen den Charakter desjenigen des Berner Oberlandes angenommen. Rücksichtlich seiner Konstruktion erwähnen wir die einfachen Dielenlagen der Fussböden, also den Mangel der Dielenträger und ihrer vorstossenden Köpfe, den Ständerbau der ersten Holzetage, wobei aber der mittlere Ständer nur bis zur ersten Fensterbrüstung reicht; ferner die Verbindung dieser Ständeretage mit dem Blockbau der zweiten, wie auch die kleinen, nach Tafel 15 in die Mauerschwelle mit Schwalbenschwanzzapfen eingeschobenen Konsolen, als Stützen der vorgeschobenen Frontgiebels.

Rücksichtlich seiner Dekoration führen wir die reichen Zonen der Gurtungen zwischen den Fensterreihen an, sowie die Profilierung der Dachpfetten nach d, e, f Tafel 15 und die kleinen Konsolen unter den Vorstössen, welche nach c Tafel 15 genau mit denen des Berner Oberlandes übereinstimmen.

Seinen Walliser Charakter beurkundet dieses Haus in der Art der Verbindung des Holzbaues mit dem Steinbau, sowohl der Tiefe nach in seiner nach h Tafel 15 fast doppelt quadratischen Grundrissanlage, als auch der Höhe nach durch die doppelten Geschosse des steinernen Unterbaues. Auch zeigen dessen Ornamente nach a, b, c und g Tafel 15 mehr den Renaissancestil als denjenigen des Berner Oberlandes.

a stellt einen Zwischenpfosten der unteren Fenster vor, b, c und g die verschiedenen Gesimse der Giebelfronte und h den Grundriss des ersten Holzbodens.

Beide Holzböden können von je zwei Familien bewohnt werden, wobei aber jeder nur ein Zimmer und eine Küche zugemessen ist. Ursprünglich war die jetzt zugemauerte Thüre in der Zwischenwand der beiden unteren Zimmer offen, wie in h Tafel 15 angegeben, so dass das erste Geschoss nur von einer Familie bewohnt wurde.

Das Terrain steigt von vorn nach hinten so bedeutend, dass vor der hinteren Hausthüre nur wenige Stufen liegen.

Die Hausthüre am vorderen Giebel führt durch den mittleren Hausgang zu der in h Tafel 15 eingezeichneten steinernen Treppe aufwärts auf den ersten Holzboden.

Eine Holztreppe zu dem oberen Boden ist am hinteren Giebel mit einer Laube für den Abort angebaut.

Die Fussböden der unteren Küchen bestehen aus einer regelmässigen Lage von Balken, deren breite Zwischenräume durch Rollmauerwerk in Mörtel ausgefüllt sind. Darüber ist sodann mit einer dicken Mörtelschicht abgeglichen.

In Bezug auf die Höhenmasse des Hauses fügen wir noch bei, dass die beiden gemauerten Stockwerke am Frontgiebel über der Erde zusammen 3,6 m hoch sind.

Die Hausthüre daselbst ist 1,8 m hoch und 0,93 m breit; beim ersten Holzboden beträgt die lichte Höhe der Zimmer 2,07 m und die Brüstungshöhe der Fenster 0,9 m.

Letztere haben bei 72 cm Breite 90 cm Höhe, deren Zwischenpfosten sind 21 cm breit und die Eckständer des Hauses 45 cm breit.

Wohnhäuser in Kippel und Hérémence.
(Tafel 16.)

Nachdem auf den vorhergehenden Tafeln einige Blockhäuser aus dem Kanton Wallis von beziehungsweiser Verwandtschaft mit der Bauart des Berner Oberlandes dargestellt wurden, reihen wir an diese auf Tafel 16 noch einige andere desselben Kantons aus Kippel und eins aus Hérémence, um sowohl die Vergleichung der auf dieser Tafel in demselben Massstabe gezeichneten Häuser an erleichtern, als auch den allgemeinen Charakter dieser Holzbauten noch mehr hervorzuheben und um insbesondere nachzuweisen, welche stilistische Veränderungen dabei im Laufe der letzten drei Jahrhunderte vorkamen, indem gerade die geringen Unterschiede derselben den konservativen Sinn der Bewohner jener Landschaft bekunden. Diese Unterschiede beziehen sich hauptsächlich auf die Struktur der vorderen Giebelfronten, indem

1. bei den älteren Häusern aus dem 16. Jahrhundert die Holzwände in senkrechter Flucht durchgehen, nur unterbrochen von den vorstehenden Gurtsimsen, ohne die nach späterer Bauart stufenweise am Giebel vorgeschobenen Zonen der Blockbalken;
2. die Profile der älteren Gurtsimse nach Fig. 54 a b die Hohlkehlen wie auch die schräge Abdachung der Gotik beibehielten, während die späteren stets die karniesförmigen kleinen Konsolen reihenweise überbunden wiederholen;
3. die ältere Profilirung der am Giebel vorstehenden Pfettenköpfe ohne oder mit einem stützenden vorgeschobenen Balken nach Fig. 54 c in einfachen Ausschnitten besteht, dagegen später das urkantonale Pfettenprofil mit mehreren im Viertelkreis stützenden Balken adoptirt wurde.

Wir belegen diese Angaben vorerst durch Ansicht und Grundriss des ältesten Hauses in Kippel aus dem Jahre 1543, zur Linken Tafel 16, zu welchem Fig. 54 die genannten Details der Giebelfronte: bei a die untere, bei b die obere Fensterbank und bei c das Profil der Firstpfette zeigen. Im unteren Steinbau dieses Hauses führt der mittlere Hausgang zwischen den beiderseitigen Zimmern zu der in Grundriss der ersten Etage Tafel 16 angegebenen steinernen Wendeltreppe und zur hinteren Hausthüre. Vor letzterer liegt ein kleiner innerer Vorplatz, von dem man sowohl abwärts mit sechs Stufen in die Kellerräume, als auch aufwärts mit vier Stufen auf den Boden des Parterre gelangt. Weitere zehn Stufen führen zur ersten Etage und darauf

Fig. 54.

folgen neun in die Küche seitwärts eingebaute Holzstufen zum oberen Stock, wo durch eine Mittelwand getrennt zwei Zimmer über dem unteren Saal entstehen. Die Balkenköpfe dieser Wand treten in der Ansicht Tafel 16 abwechselnd vor.

Bei einem anderen zweistöckigen Hause in Kippel aus dem Jahr 1558 finden wir ebenso die 6,60 m lange Giebelwand auf steinernem Unterbau in senkrechter Flucht durchgehend und sowohl die Bankals auch Sturz-Simse der Fenster nach Fig. 55 der Reihe a, b, c, d nach von unten nach oben bezeichnet, in romanischem Sinne, ebenso die Fensterzwischenpfosten von 30 cm Breite und 69 cm Höhe nach Fig. 56 dekorirt. Die Fusspfette des Daches ist nach Fig. 57 einfach abgeschrägt und der unterste stützende Balken unterschnitten.

Zur Mitte auf Tafel 16, oberhalb, ist die Ansicht eines Hauses von Kippel aus dem Jahr 1706, gegen die Strasse und seitwärts die halbe Giebelfronte gegen eine Nebengasse dargestellt. Ausnahmsweise bildet hier eine Traufseite die Hauptfronte, und die Hausthüre zur ersten Etage mit einer Vortreppe vom Stein liegt auf der Giebelseite. Bei allen drei Stockwerken ist die Einrichtung der mittleren abwärts drehbaren Klappläden konsequent durchgeführt. Die Köpfe der Dielenträger treten nur bei den zwei unteren Etagen vor die Wand der Traufseite, da die obersten Dielenträger parallel zu derselben liegen. Die geringe, nur 2—3 cm betragende Auskragung der aus Konsolchen und Bogenfriesen bestehenden Gurtsimse unter- und oberhalb der Fenster korrespondirt mit den stufenweise überbauten Gurtungen der Traufseite, welche hier als Hauptfronte nicht in senkrechter Flucht durchgeht.

Fig. 57. Fig. 58.

Die Vorlauben der Giebelseite in den beiden oberen Etagen und unterm Giebel, wo die Brustwehr fehlt, sind grossentheils mit Brettern zugeschlagen und durch die nach Fig. 58 karniesförmig profilirten Träger gestützt.

Die Treppen zu den von verschiedenen Familien bewohnten drei Geschossen liegen unter- und innerhalb jener Vorlauben, so dass jedes seine besondere Eingangsthüre auf der Giebelseite hat.

In der Mitte von Tafel 16, unterhalb, ist eines der grössten Häuser von Kippel aus dem Jahre 1605 mit dem Querschnitt der Giebelwand dargestellt. Hierbei ist die zweite Etage an der Traufseite zur Rechten über die untere vorgeschoben und auf beiden Seiten das System der Lauben an den Holztreppen zu den Eingangsthüren jedes Stockwerks sehr malerisch ausgebildet.

Die Tiefe der vorderen Giebelzimmer beträgt 5,40 m, diejenige des Hauses im ganzen 11,0 m.

Die vordere auf den Kellerbalken ruhende Giebelwand steht 46,5 cm vor der unteren Mauerschwelle.

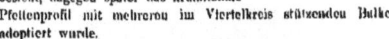

Fig. 55. Fig. 56.

Die Dachpfetten mit ihren stützenden Balken sind dem urkantonalen Viertelskreisprofil nachgebildet.

Die acht unter sich kaum verschiedenen Gurtgesimse der Giebelfronte stützen mit ihren 2,25 cm vorstehenden und tiefer eingemeisselten Konsolreihen die an eben so viel vorstehenden oberen Gurtungen der Wand.

Im ersten Stock erscheint der Dielenträger an der Traufseite, während in den beiden folgenden Stockwerken die Köpfe jener Träger am Giebel vortreten.

Zur Rechten auf Tafel 16, oberhalb, ist ein fast turmähnliches Haus von Kippel aus dem Jahre 1707 dargestellt, welches in jeder Etage am Giebel nur ein Zimmer von 4,35 m Länge und 4,5 m Tiefe enthält.

Die aus kleinen Konsolen bestehenden Gurtgesimse der Fensterbänke und Deckhölzer sind in die glatte Blockwand vertieft eingemeisselt. Ebenso sind die Bogenlinien auf der Mauerschwelle, wie auch die Inschrift darüber mit lateinischen Lettern vertieft ins Holz eingerissen. Diese Inschrift lautet:

„Höre mein Haus Volge was ich euch sag das sey in eurem „Herzen entragt. Liebet Gott ob allen Dingen so kann es euch nit „misslingen."

Fig. 59.   *Fig. 60.*

Fig. 59 stellt den in Kippel gewöhnlichen Blockverband an den Knotenpunkten der Wände dar. Nach Angabe der Ortsbewohner soll die schwalbenschwanzförmige Verzahnung gegen die Zugluft in den Zimmerecken, sowie gegen das Werfen der Balken dienen.

Fig. 60 zeigt eine der reicheren Zimmerthüren vom Jahre 1812 mit verschiedenfarbig eingelegten Holzstücken, wobei das schöne helle Arvenholz der Umgegend neben dem dunkleren Kirschen- und Nussbaumholz von guter Wirkung ist.

Fig. 61 stellt den 18 cm starken Pfosten einer Hausthüre in Kippel vor, welcher neben seinem Zapfen mit einem 4,5 cm starken und 1 m langen Backen die oberen Wandbalken in ihrer Länge überbindet und vorsteift. Die Nut im Thürpfosten zum Einsetzen der abgeschrägten 15 cm starken Wandbalken ist 6,75 cm tief.

Fig. 61.   *Fig. 62.*

In Fig. 62 ist einer der in Kippel gewöhnlichen Zimmeröfen aus dem Jahre 1739 gezeichnet.

Hoch im Gebirge liegt ein Steinbruch, wo plattenförmige, weiche Felsstücke gewonnen werden und sich leicht im Bruch bearbeiten lassen. Sie erhärten in der Luft und widerstehen dem Feuer vorzüglich, wobei sie in der Hitze eine schwärzliche Farbe annehmen.

Diese Platten, von denen zu dem Ofen, Fig. 62, acht Stück erforderlich waren, wurden im Winter auf Schlitten bergab in den Ort geschafft.

Zur Charakteristik der ehemaligen Bewohner Kippels gehören auch die ihren Bauten eingeschriebenen Sinnsprüche, von denen wir noch einige aufführen:

1. Mit Kummer, Müh und Gottvertrauen haben wir diese Hütte gebaut.
2. So lang wir leben hier hienieden
   Hast Du Herr uns dieses Haus beschieden
   Nun gib dass wir dereinst da Oben
   Ewig Dich den Meister loben.
3. Zur Ehre der allerheiligsten Dreifaltigkeit
   Anfang und End sey ihr geweiht. 1857.
4. Halte dich also in diesem Haus
   Als wenn du müsstest morgen daraus
   Schau dass dir sey ein Haus bereit
   Das da ist die ewige Seeligkeit. 1640.
5. Auf dem Giebel eines Kornspeichers von 1847:
   „Der Tugend hundertfach Getreid
   „Summle Dir Für Die Ewigkeit."
6. Über einem Stall vom Jahre 1791:
   „Soli Deo Gloria."
7. Auf dem Dielenträger einer Zimmerdecke:
   „Jesus § Maria § Joseph § im Jahre 1772
   „Hat lasen machen Petrus Ebner § dieses
   „Hvs vor sich vdt seine Nachchomenden."
8. Auf einer Zimmerdecke von 1866:
   „Gelobt sey Jesus Christus in alle Ewigkeit
   „Amen. — Alles Gott zu Ehr. —
   „Lebe in dieser Wohnung
   „Dass dir werde zur Belohnung
   „Einst die schöne Himmelswohnung."
9. Auf einem bei der Kirche stehenden Hause:
   „Bei Deinem Hause o Herr
   „Lass mich wohnen in Ruhe."

Auf Tafel 16 zur Rechten, unterhalb, ist ein Haus von Hérémence aus dem Jahre 1781 dargestellt. Fig. 63 zeigt einige Details der Giebelfaçade: bei a die Fusspfette, bei b die Firstpfette, bei c, d, e die

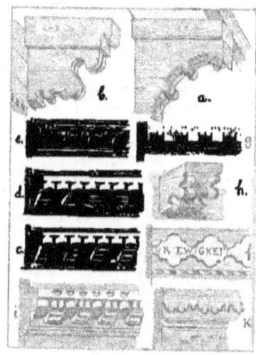

Fig. 63.

Profile der Fensterbänke von den drei Etagen. Diese bestehen hier in ungewöhnlicher Weise aus besonders gestemmten und aufgenagelten Brettern, während die Ornamente der Fensterstürze bei f, g aus dem Balken gearbeitet sind. Bei h ist der bemalte Kopf eines der Dielen-

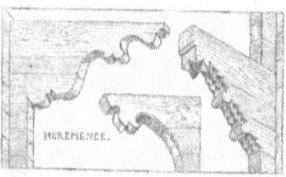

Fig. 64.

träger von der ersten und dritten Etage ersichtlich. Diejenigen des mittleren Stocks erscheinen an den Traufseiten mit Verzahnung der

Richtung von den Dielenlagen, wohl wegen gegenseitiger Verspannung und gleichmässiger Verteilung des Schubs auf die Umfassungswände. Die Giebelwand hat nur über dem obersten Fenstersturz bei dem Konsolgesimse einen geringen Vorsprung.

Von einem Hause in Vex ist bei Fig. 63 i noch ein Fensterbankprofil und bei k der Bogenfries über dem Fenstersturz zugefügt. Alle Konsolchen der Gesimse Fig. 63 waren in der Reihenfolge der Farben, entweder schwarz-blau, schwarz-rot, oder schwarz-blau-rot, schwarz-grün-weiss, abwechselnd bemalt.

Fig. 64 zeigt die Profilierung einiger Pfetten und ihrer stützenden Balken verschiedener Häuser von Hérémence aus dem vorigen Jahrhundert. Bei denselben ist die Verwandtschaft mit den urkantonalen und Berner Formen unverkennbar.

Bei den Wohnhäusern dieses Ortes schliesst sich meistens an die im Blockbau konstruierten vorderen Wohnräume der hintere Steinbau unter gleichem Dache an.

Fig. 65 zeigt einen gemauerten Giebel der Art mit vier Eingangsthüren, zu unterst in einen kleinen Stall und aufwärts in die drei Stockwerke, malerisch vermittelt durch die vorgelegten unteren, sowie durch die oberen unter dem Schutz der Dachausladung gemauerten Trittstufen.

Fig. 65.

Wohnhaus in Sumvix und Klosterkirche in Disentis.

(Tafel 17.)

Die Blockbauten im höheren Alpenthal des Vorderrheins, Kanton Graubünden, wo die katholische Bevölkerung nur romanisch spricht, sind im Vergleich zu denen im Oberwallis auffallend arm und roh. Erst wenn man thalabwärts von Disentis an die Orte Sumvix, Surein und Truns erreicht hat, tritt bei grösserem Wohlstand der Insassen ein reicherer Schmuck der Wohnhäuser ein.

Tafel 17 zeigt ein an der Hauptstrasse von Sumvix gelegenes Haus vom Jahre 1755. Zur Linken im Hintergrunde ist die Klosterkirche von Disentis abgebildet.

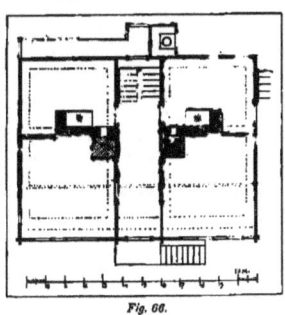

Fig. 66.

Vor einem Jahrzehnt wurde jene Strasse für die Post reguliert, einige Schritte vor dem Hause tiefer gelegt und die Steintreppe zur mittleren Hausthüre am Giebel abgebrochen, so dass jetzt nur die seitlichen Eingänge im Grundriss dieses Hauses, Fig. 66, in die Wohnung führen. Gleichzeitig wurde damals die Kellerthüre unter der Hausthüre tiefer auf das Niveau der Poststrasse gelegt. Wir haben auf Tafel 17 den alten Zustand nach den Angaben des Besitzers wieder hergestellt.

Wie der Grundriss der ersten Etage Fig. 66 zeigt, teilt der mittlere Gang beide Stockwerke in zwei gleiche Hälften, mit 2 Küchen für 2 Familien. Diese Küchen haben nach aussen und nach der Treppe rauh ausgemauerte Riegelwände, die Zimmer darüber aber wieder Blockwände. Am hintern Giebel ist eine Galerie mit dem Abort vorgebaut, zu denen eine Thüre auf der Höhe des Treppenruheplatzes führt.

Die Kellerbalken treten 57 cm vor die Mauerschwelle und stützen nach Fig. 67 die auf 15 cm verstärkte dielentragende Schwelle der Giebelwand von 12,6 bis 13,2 cm Stärke.

 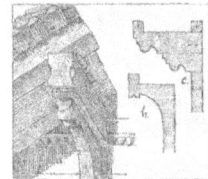

Fig. 67. *Fig. 68.*

Die Fussböden von einfachen Dielenlagen mit dem einzigen Unterzug in Mitte der Wohnzimmer entsprechen der alten in der Schweiz allgemeinen Konstruktion, die Walliser ausgenommen.

Die Pfetten sind nach Fig. 68 a aussen vierkantig beschlagen, im Innern des Daches aber, wie so häufig in Graubünden, ganz rund gelassen und von ungewöhnlicher Stärke. An deren Profilen und stützenden, im Innern des Daches zum Teil kurz abgeschnittenen Balken erkennt man am deutlichsten die Verbindung des urkantonalen Profils, Fig. 68 b, mit dem in Graubünden allgemeinen, Fig. 68 c; oder die Vermischung der beiden thalab- und aufwärts sich bogegnenden Stile von Uri und Graubünden, wie überhaupt bei den Bauten im Vorderrheinthale.

1,89 m hoch und deren Fenster nur durch die geringere Höhe von 78 cm von den untern verschieden. Alle Fenster erhalten durch die zurückgesetzte äussere Bekleidung die nötigen Falzen für den Einsatz der Winterfenster.

Fig. 69.

Bezüglich der Höhenmasse dieses Hauses fügen wir noch bei, dass die erste Etage im Lichten 2,12 m Höhe hat; deren Fenster sind 72 cm breit und 80 cm hoch, aussen mit profilierten Brettern bekleidet, deren Zwischenpfosten 6,0 cm breit. Die zweite Etage ist

Fig. 70.

In Fig. 69 ist ein Haus von dem benachbarten, tiefer am Vorderrhein gelegenen Orte Surrein aus dem Jahre 1826 von 12 m Frontlänge abgebildet. An dieser Giebelfronte ist im ersten Stock eine Galerie, zum Schutz der unteren Steintreppe zur Hausthüre, wie bei noch mehreren andern Häusern am Vorderrhein vorgebaut. Der lange Brustriegel derselben ist durch zwei mit der Giebelwand verbundene Pfosten versteift. Die Laubenbretter, welche hierbei nicht ausgeschnitten sind, erscheinen bei andern Häusern am Vorderrhein häufig in der Weise wie bei Fig. 70 von der Mitte aus nach rechts und links symmetrisch ausgeschnitten.

Häuser und Kirche in Sumvix.
(Tafel 18.)

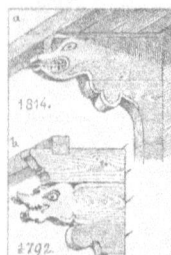

Fig. 71.

Auf Tafel 18 ist die Häusergruppe zur Rechten aus einem anderen Standpunkte der Hauptstrasse durch das Pfarrdorf Sumvix aufgenommen, als diejenige zur Linken mit der Kirche. In der Mitte dieser Tafel präsentiert sich ein altes, ganz von Stein erbautes Patrizierhaus, welches am Giebel zwei eingemauerte Tafeln enthält, eine mit der Jahreszahl 1570 und lateinischer Inschrift, die andre mit dem Familienwappen des damaligen Besitzers. Seitwärts ist ein geharnischter Krieger an die Wand gemalt.

An dieses Haus schliesst sich noch ein schmales, von Stein, und hieran ein Blockhaus aus dem Jahre 1824, dessen Pfettenköpfe tierähnlich gebildet und grell bemalt sind. Dergleichen Pfettenköpfe zeigt Fig. 71 bei a von einem anderen Hause in Sumvix aus dem Jahre 1814, bei b von einem Hause in Truns aus dem Jahre 1792. Die weit geöffneten rot eingemauerten Mäuler dieser Köpfe fassen mit ihren weissen Zähnen zuweilen eine Nuss zum Knacken, andere strecken die rote Zunge weit hervor.

Im allgemeinen haben die Blockwände im Vorderrheinthal keine Vorsprünge bei so häufig wiederkehrenden Gesimsen von kleinen Konsolen in der Höhe der Fensterbänke und Stürze. Die Konsolreihen dieser Gesimse sind hier und da mit vorstehenden Rundstäbchen bedeckt, grösstenteils aber nach Fig. 72 in die glatte Blockwand

Fig. 72.

vertieft eingemeisselt. Dabei sind die Konsolchen hellgrün auf rotem Grund bemalt, oder auch rot mit hellgrünen Seitenansichten und Vertiefungen. Die Bemalung musste den Mangel der tieferen Schatten ersetzen und die ruhige Horizontallinie durch fünf- bis sechsfache Wiederholung der gleichen Gesimse bei den grösseren Giebelfaçaden zur gehörigen Wirkung bringen.

Speicher und Stallbauten in Kippel und Chiamutt.
(Tafel 19.)

Nachdem wir die Wohnhäuser im Oberwallis und vom Graubündener Alpenthal des Vorderrheins beschrieben haben, fassen wir auf Tafel 19 die Speicher- und Stall-Bauten derselben Gegenden ins Auge und vorerst wieder:

Die Speicherbauten im Oberwallis.

Der obere Teil der Tafel 19 enthält in der Mitte einen der grössten Kornspeicher mit Stallung aus Kippel vom Jahre 1658, dessen Grundriss bei a nebst dem Detail eines der drei vorderen Laubenpfosten bei b gezeichnet ist.

Zur Rechten und Linken dieses Speichers ist die vordere und hintere Giebelfronte eines kleineren Kornspeichers von Kippel mit dem Kuhstall darunter aus dem Jahre 1698 als ein Beispiel der dort gewöhnlichen Kornspeicher nebst seinem Grundriss bei c dargestellt.

Diese Walliser Kornspeicher stehen auf sogenannten Beinen aus meist hartem Holze, welches 30 cm stark, vierkantig behauen und als abgestumpfte Pyramide von 60—70 cm Höhe nach oben verjüngt ist. Diese Beine stehen in Entfernungen von circa 3 m auf starken Mauerschwellen, an den Mauerecken direkt unter den Knotenpunkten der Blockwände und tragen runde Steinplatten von 10—20 cm Stärke und 0,9 bis 1 m Durchmesser, um die Nagetiere von dem darauf ruhenden Blockbau abzuhalten.

In den Grundrissen a, c sind diese Platten wie auch die Stallmauern und die in c vorgeschobene obere Giebelwand einpunktiert Fig. 73 zeigt zur Linken einen Kornspeicher, und zur Rechten einen Heuspeicher aus dem oberen Rhonethal. Ersterer widersteht trotz seiner turmartigen Gestalt bereits über hundert Jahre den heftigen Stürmen dortiger Gegend, indem das mit Steinplatten bedeckte Dach seine Stabilität befördert. Zugleich ersieht man bei Fig. 73 die Einfassungsweise der Saumpfade im Oberwallis, einerseits längs der Bergabhänge mit einer Mauer gegen den Berg, andrerseits durch Steinpfosten und durchgesteckte Baumstangen gegen das Thal geschützt.

Fig. 73.

In Fig. 74 sind zwei mit Stallung verbundene Hausspeicher von Kippel gezeichnet. Der kleinere bei a von 6 m Giebellänge repräsentiert die dort meist vorkommenden Blockbauten der Art, sowohl in Kippel als auch auf den höher gelegenen Alpen, der grössere bei c einen von zwei Haushaltungen benutzten Speicher in Kippel aus dem Jahre 1791.

Die genannten Korn- und Heuspeicher unterscheiden sich äusserlich nur dadurch, dass bei letzteren die Beine der ersteren fehlen und sind gewöhnlich am Bergabhange so gestellt, dass der eine Giebel mit dem Eingang in die untere Stallung gegen die Thalseite, der andere mit dem Fundament der Blockwand gegen die Bergseite gerichtet ist.

Fig. 74.

Sie sind aus vierkantig beschlagenem Lärchenholz mit dichtschliessenden Fugen konstruiert, ihre Wanddicke beträgt 15—18 cm, die Höhe der Wandschwellen oft 36—50 cm.

Die langen Blockbalken ihrer Umfangswände sind in der Mitte ihrer Länge knotenförmig, mittelst beiderseits vorgestellte keilartige und durch einzelne Querhölzer gesteckte Zangen, gebunden.

Mit einer solchen doppelten Zangen, nach Fig. 74 b, durch einen starken Pfosten ersetzt, welcher im Giebeldreieck zum Einsatz der schiefen Wandhölzer angeordnet ist, darunter aber den freien Durchpass der Wandbalken gestattet.

Die 1,5 m breite Tenne im Inneren der Kornspeicher geht von einem Giebel bis zum andern. Deren 12—15 cm starken, meist verzapften Bodendielen reichen 30 cm weit aussen vor die Thüre als Ruheplatz beim Betreten auf einer kurzen Leiter. Beide Seiten der Tenne sind mit meterhohen Holzwänden von Bohlen und Brustriegeln garniert. Der Boden zu beiden Seiten der Tenne ist mit 12 cm starken Dielen belegt.

Bei vielen Stallungen in Kippel führt ein kurzer Gang zwischen zwei gemauerten und eingezäunten Dunggruben von der Strasse aus zur Stallthüre. Zuweilen sind auch diese gemauerten Gruben mit Bohlen belegt und ohne Einzäunung.

Die Speicherbauten im Vorderrheinthal.

Geht man von Andermatt aus die Alpenstrasse in vielen Windungen aufwärts über den hohen, die Kantone Uri und Graubünden scheidenden Gebirgspass in das Alpenthal des Vorderrheins, so begegnet man vorerst im Lande Uri, welches hier nur kahle Felsen und Wiesengründe zeigt, vielen Hausspeichern, die nach Fig. 75 aus Stein erbaut, und deren Umfangsmauern mit First mit grossen Steinplatten, dazwischen aber die Sparren mit Schindeln bedeckt sind.

In Fig. 75 ist der niedere Giebel mit der Öffnung zum Eintrag des Heues ersichtlich.

Der höhere gegen die Thalseite gerichtete Giebel enthält die Thüre zu dem unteren Kuhstall, welcher durch ein Dübelgebälke vom oberen Heuraum getrennt ist.

Sobald man den Pass überschritten hat, und dem waldigen Rheinthal entlang abwärts zu den ersten Graubündner Ortschaften gelangt, findet man die Heuspeicher aus rundem Holze im Blockverband konstruiert. Dabei liegen die einzelnen Balken durch kleine Zwischenräume getrennt übereinander. Tafel 19 d zeigt Ansicht und Giebelschnitt eines solchen Speichers von Chiamutt, wobei nur die Schwellen, Dachsparren und Dübelbalken vierkantig beschlagen, die runden Wandbalken in ihrer Länge knotenförmig gebunden sind.

Fig. 75.

Wie in den Alpenthälern des Kantons Tessin begegnet man auch hier in den höher gelegenen Orten den sogenannten Roggentrocknern, Fig. 76, wo das Getreide schichtenweise auf Staffeln übereinander ausgebreitet, bis zur völligen Reife und Austrocknung, unter dem Schutz eines kleinen Daches, oder auch ohne ein solches, der Sonne und dem Winde ausgesetzt wird.

Die Konstruktion derselben haben wir auf Tafel 19, unterhalb, im Querschnitt und Längenansicht in gleichem Massstab wie die zur Linken des Querschnitts gezeichnete Giebelecke eines Hauses in Chiamutt dargestellt.

Im Hintergrunde erblickt man den von Chiamutt aus sichtbaren Berg Bâdus, dessen Gletscher den Thoma-See mit dem daraus entspringenden Vorderrhein speist.

Die Ständer dieser Roggentrockner sind unterhalb rund mit 30 cm

Fig. 76.

Durchmesser, oberhalb bei den hindurchgesteckten 9 cm starken Sprosse aber vierkantig auf 18 cm Dicke und mittlere Breite von 27 cm beschlagen.

Die gegen die Windseite doppelt angelegten Streben sind unterhalb am Zopfende rund gelassen und greifen mit ihrem beschlagenen dickeren Stammende eine der oberen Sprossen wie auf Tafel 19 F ersichtlich.

G zeigt hierbei den Ausschnitt einer Strebe. Nach E liegen bei der untersten Sprosse zwei starke Latten 48 cm von einander auf kurzen durch die Ständer gesteckten Hölzern, um den untersten Garben zur Stütze der oberen ein sicheres Auflager zu geben.

Hohe Leitern dienen hierbei zum Aufschichten der Garben.

Diese Roggentrockner werden auch nach Fig. 77 an den Giebel

Fig. 77.

der Heuspeicher unter deren Dachschutz gesetzt, um sowohl die besonderen Schutzdächer wie auch die langen Windstreben zu ersparen. Zu dem Zweck treten die untersten Blockbalken der Traufseiten und Zwischenwände um 1 m vor die untere Stallmauer. Auf den Köpfen dieser Balken liegt die Schwelle zum Einzapfen der für die Staffeln durchlochten Ständer, welche oben in die Dachpfetten eingezapft, auf diese Weise einen sicheren Stand erhalten.

Bei anderen Heuspeichern ist auch der Roggentrockner, wie im Hintergrunde von Fig. 76 zu ersehen, dicht vor der Ausladung des Speichergiebels mit bis auf den Boden reichenden Ständern errichtet, so dass letztere durch einzelne verlängerte Blockbalken mit den Wänden fest verbunden, ebenso die Windstreben entbehrlich machen.

Haus in Geschwend bei Hütten.
(Tafel 20.)

Das auf Tafel 20 dargestellte Blockhaus steht im Kanton Zürich an der Grenze gegen Zug in Geschwend zwischen Hütten und Schönenberg und ist in letzterer Gemeinde eingepfarrt.

Es wurde im Jahre 1895 erbaut und zeigt über den Fensterreihen jeder Etage besondere Schutzdächer, deren Fusspfetten auf den vorgeschobenen Blockbalken der Haupt- und Scheidewände ruhen. Diese sogenannten Klebdächer sind unterhalb in schrägor Richtung mit Brettern verschalt, so dass die Untersichten der Eindeckung mit Ziegeln auf Latten dem Auge entzogen werden. Man erreichte durch diese Verschalungen leicht zu übersehende Felder zur Ausschmückung mit Sinnsprüchen und Malereien, welche sich noch an verschiedenen Häusern aus dem Ende des vorigen Jahrhunderts erhalten haben.

Das Blockhaus ruht auf einem hohen, als Keller dienenden Unterbau, und bei dem hinteren Giebel erstreckt sich der Steinbau noch bis zum zweiten Holzboden.

Die steinerne Freitreppe seitwärts führt durch die Hausthüre in den Hausgang und zur Stockstiege, links zu dem quadratischen Wohnzimmer, gegen Süden und rechts zu einem kleineren Zimmer, hinter dem die Küche liegt.

An der südlichen Giebelseite befinden sich noch, wie aus den Vorstössen der Scheidewände Tafel 20 ersichtlich, zwei kleinere Zimmer neben der Wohnstube.

In der zweiten Etage wiederholt sich im wesentlichen dieselbe Einrichtung, so dass das Haus von zwei Familien bewohnt werden konnte.

Die urkantonale Blockbauart war vom Kanton Zug her nur an der Züricher Grenze dorten eingebürgert und erscheint schon einige Schritte weiter von der Grenze durch den Züricher Riegelbau vollständig verdrängt.

Die grössere Weite der im Stichbogen überdeckten Fenster dieses Hauses, deren Einzelstellung, sowie ihre modernen Klappläden, weisen übrigens unverkennbar auf dessen Entstehungszeit, auf den Anfang dieses Jahrhunderts.

Deutsche Block- und Ständer-Bauten.
(Tafel 21.)

Die schweizerischen Blockhäuser im Prättigau haben so viele gemeinsame Beziehungen zu denen des benachbarten oberen Illthales im Bezirk Montafun Tyrols, dass wir an einigen Häusern von St. Gallenkirchen in jenem Thale diese Verwandtschaft noch besonders hervorheben wollen.

Auf Tafel 21 zu oberst erscheint die Giebelfronte eines jener Häuser, wo auch der Steinbau zum Teil mit dem Blockbau in malerischer Weise verbunden ist.

Bei den am Giebel dichter zusammengedrängten Dachpfetten, welche einfach ohne stützende Konsolen weit ausladen, erkennen wir die altitalienische Weise, die auch bei den Blockbauten im Kanton Tessin wieder angetroffen wird, wo diese Pfetten im Innern des Dachworks unbeschlagen, rund gelassen sind, um dort die Steinplatten der Eindeckung auf Halbhölzern zu tragen, während bei St. Gallenkirchen die Dächer mit kurzen Brettern aufeinander eingedeckt und sodann nach der Lage der Pfetten reihenweise mit Steinen belastet sind.

Im Hintergrund bei diesem Hause ist eine kleine Kapelle desselben Ortes gezeichnet, deren vier am Giebel vorstehende Dachpfetten nach Fig. 78 eine Stützkonstruktion der Sparren tragen, wie sie beim Schweizer Riegelbau in einfacher Weise vorkommt, hier aber in so barocken Formen, wie wir sie nur in den letzten Decennien des vorigen Jahrhunderts antreffen.

Auf der Mitte der Tafel 21 ist ein Blockhaus von St. Gallenkirchen aus der zweiten Hälfte des vorigen Jahrhunderts abgebildet,

Fig. 78.

welches nach der Tyroler Bauart die Einzelstellung der Fenster zwischen breiten Pfeilern zeigt, während im oberen Illthale wie im Prättigau die durch einen schmalen Mittelpfosten getrennten Doppelfenster nach Fig. 79 bei den Wohnhäusern vorherrschen. Jedes

Fig. 79.

dieser beiden Fenster ist im Lichten 57 cm breit und 66 cm hoch. Die vordere Breite des Mittelpfostens beträgt nur 7,5 cm.

Die Fenster, einfach oder doppelt, sind meistens mit gezierten Brettern umrahmt, welche zugleich die Falzen zu den auch häufig bemalten Klappläden bilden.

Auf der breiten Gurtung zwischen den oberen Fensterreihen dieses Hauses erscheinen dieselben eingerissenen und bemalten altdorischen Kreisverschlingungen in Verbindung mit den auf weissem Grunde gemalten Inschriftzonen wie bei vielen Häusern im Prättigau, nur unterschieden durch den nach den beiden Konfessionen getrennten Sinn der Denksprüche.

Der sonst konsolartig gebildete 9 cm hohe Würfelfries über den Fenstern des ersten Holzbodens ist hier nach Fig. 80 durch halbcylindrische Formen ersetzt.

Fig. 80.

Die Farben derselben wechseln schichtenweise in blau und rot mit weiss und rot. Jene Kreisverschlingungen haben den inneren vollen Kreis in weiss und die umgrenzenden S-formen wechselnd in blau und rot, genau wie bei einzelnen Häusern im Prättigau.

Die am Giebel 1,65 m vorstehenden Pfetten von 24 cm Höhe und 15 cm Breite sind nach Fig. 81 mit ihren stützenden Blockbalken

Fig. 81.

in der angegebenen Weise auf zwei Arten wiederkehrend profiliert, einesteils in Verbindung mit den Wandvorstössen von 12 cm Breite, anderenteils ohne dieselben, und stimmen mit denen im Prättigau ebenso überein.

Fig. 82 zeigt den Grundriss des ersten Holzbodens dieses Hauses. Die 12 cm starken Blockwände erstrecken sich nur auf die beiden

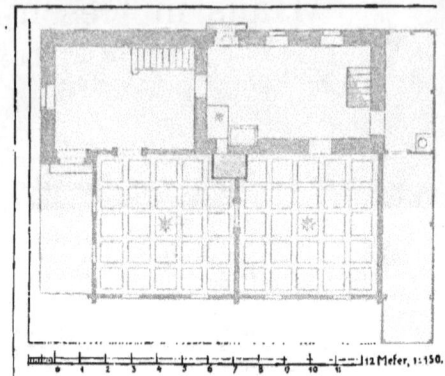

Fig. 82.

vorderen Wohnzimmer, während die Hausflur mit der Treppe und die Küche ummauert sind und die Seitenlaube als offner Riegelbau konstruiert ist. Für die Feuerung des Küchenherdes in Verbindung mit dem beiden Zimmern gemeinsamen Kachelofen dient nur ein einziger gemauerter Schornstein.

Unterhalb enthält die Tafel 21 zur Linken den Querschnitt und teilweisen Längenschnitt des ehemaligen Müllerschen Hauses in Schwerin, welches vor dem Abbruch von einem Freunde des Verfassers genessen und gezeichnet wurde und die älteste Holzbauart in Deutschland repräsentiert.

Dieser Bau war ganz von Eichenholz konstruiert, und seine Erbauungszeit reicht wahrscheinlich bis ins 15. Jahrhundert.

In dem neuerdings erschienenen Werke des Architekten Karl Lachner über die Holzarchitektur Hildesheims wird jene Angabe bestätigt, indem derselbe ausdrücklich erwähnt, „dass man bei den ältesten uns bekannten Holzkonstruktionen des 13. und 14. Jahrhunderts die Aussenständer bis zum Dache durchführte und die Zwischengebälke in diese einzapfte." Die Balkenzapfen des Müllerschen Hauses gingen nach Fig. 83 durch die Ständer und traten so weit

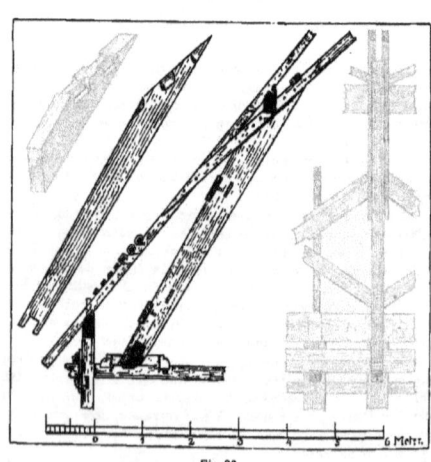

Fig. 83.

vor, dass besondere Holzoelle von aussen eingetrieben werden konnten, genau so wie es in dem Lachnerschen Werke bei den ältesten Häusern Hildesheims gezeichnet ist. Die Wandgefache waren mit Ausnahme der Fensteröffnungen gestückt und mit Strohlehm umwickelt.

Wegen dem hohen Grundwasser im Torfboden bestanden die Fundamente der Kellermauern über Erde aus einem durchgehenden Dübelgebälke, welches auf mehreren Schichten liegender Rundhölzer ruhte.

In Bezug auf die Dachkonstruktion lag dieselbe Aufgabe, als Verbindung eines liegenden Stuhls mit einem Kniestock und mit Voraussetzung der die Gebälke stützenden Scheidewände, bei dem neuen Post- und Telegraphengebäude in Lübeck zu Grunde, dessen Dachstuhl auf Tafel 21 in gleichem Massstab mit dem vorerwähnten, nach der deutschen Bauzeitung Nr. 52 von 1884 beigezeichnet ist.

Bei den schweizerischen Ständerbauten sind die Gebälke durch in die Wände eingenutete Bohlen ersetzt und demgemäss gehen die Ständer nur bei den Knotenpunkten der Haupt- und Scheidewände bis unters Dach.

Speicherbauten verschiedener Kantone.
(Tafel 22.)

Auf Tafel 22 links oben erscheint ein Speicherbau von Filisur im Albulabezirk Graubündens; derselbe ist durch eine Holzbrücke mit dem nahe stehenden Wohnhause und sein hinterer Giebel mit der Stallung neben dem Hause verbunden. Es ist ein Ständerbau aus dem Anfange dieses Jahrhunderts, der sich, wie man aus der Lage der Fusspfette ersieht, von vorne nach hinten zu verengt.

Die vordere Giebelwand ist 4,65 m lang, die vortretende Laubenbrüstung ist infolge jener Verengung um 30 cm länger. Die Tiefe des Speichers von Wand zu Wand beträgt mit Einschluss der Eckständer 4,95 m.

Neben diesem Speicher ist ein anderer von Waltenschweil im Kanton Aargau dargestellt, dem die Jahreszahl 1621 eingeschrieben ist. Die Eckpfosten dieses Ständerbaues gehen in einer Stärke von 42 auf 27 cm von der Schwelle bis unter das Dach. Die Schwellen auf den Seitenmauern sind nach dem Baumwuchs verjüngt am stärkeren Ende 51 cm hoch und 30 cm breit. Die Giebelwände haben eine Länge von 4,59 m, die Traufseiten 4,74 m. Die Galerie ist ringsum 1,08 m im Lichten weit. Die Firstlänge zwischen den beiden Walmen stimmt mit der Länge der Traufseiten überein.

Die beiden einzigen Dachbinder auf den Giebelwänden bestehen aus je zwei stehenden Pfosten unter den Mittelpfetten, worauf der Kehlbalken mit einem kurzen Pfosten zur Stütze der Firstpfette ruht. Zwei schräge überblattete Büge verspannen die genannten Pfosten jedes Binders; weitere sorgfältig eingesetzte Büge dienen sowohl zur Winkelversteifung der Wände wie auch im Dach zum Längenverband der Binder.

Auf der Mitte der Tafel 22 sind die beiden Giebelfronten eines Käsespeichers von Thalweil bei Stans, Kanton Unterwalden, aus dem Jahre 1791 abgebildet. Dieser Bau ist zwischen den 12 cm starken Blockwänden 3,06 m am Giebel und 4,44 m auf den Seiten lang. Die Vorlaube steht 0,9 m vor der vorderen Giebelwand, die Treppe dabei aber nur 0,78 m.

Das Dach, sowie die Wände der Wetterseite sind überschindelt.

Unterhalb enthält die Tafel 22 die Ansicht eines Stalls und Heuspeichers von Haldenstein bei Chur aus dem Jahre 1720, wobei die Umfangsmauern des Heuraumes von grossen Öffnungen durchbrochen und diese mit teilweise ausgeschnittenen Brettern geschlossen sind. Einzelne Riegelhölzer zum Annageln der Bretter sind mit der Mauer verbunden. Die eigenthümliche Stützungsweise der am Giebel vorstehenden Dachpfetten, wie sie Fig. 84 vergrössert zeigt und wonach unter den schrägen Bügen unter den Pfetten noch horizontale Büge unter einem Winkel von 45° angebracht sind, findet sich nur im Kanton Graubünden, vorzugsweise an einzelnen Häusern im Prättigau. Hierbei sind die schraubenförmigen Windungen aller jener Büge ab-

Fig. 84.

wechselnd rot und weiss bemalt. Bei solch einem Hause mit gewöhnlich sechs Pfetten geben die sie stützenden brillant gemalten zwölf Büge der Hauptfronte ein heiteres Ansehen.

Am Giebel des Ökonomiegebäudes, Tafel 22, sind über dem Hausraume zwei breite und niedere Öffnungen ersichtlich, welche durch Klappläden von oben herab geschlossen werden können. Durch jede dieser Öffnungen kann ein auf Holzrollen beweglicher Brettervorschlag vom Dachboden aus ins Freie hinaus geschoben werden, um die darauf gelegten kleinen Kirschen an der Sonne zu trocknen. Als Gegengewicht gegen den nach aussen vorgeschobenen und belasteten Bretterboden dienen schwere Steine im Innern des Daches, und das Vorschieben auf den Rollen geschieht mittels einer einfachen hölzernen Windevorrichtung.

Wohnzimmer aus Wolfenschiessen.
(Tafel 23.)

Die gemütliche, zuweilen reich ausgestattete Einrichtung des ländlich schweizerischen Wohnzimmers haben wir versucht auf Tafel 23 teilweise darzustellen.

Die Freude an stilistischer Bearbeitung des Holzes erstreckt sich hierbei auf die kleinsten Details aller Hausgeräte und zeigt uns den grossenteils jetzt entschwundenen Kunstsinn vergangener Jahrhunderte im glänzendsten Lichte. In dieser Hinsicht zeichnen sich besonders die reichen Patrizierhäuser durch den harmonischen Schmuck von Wänden, Decken und Möbeln aus und verdienten in einem besonderen Werke der Nachwelt erhalten zu werden.

Im Wechsel von bunten Holzmosaiken und Schnitzereien, von Malerei und Vergoldung, sowie von reichen Schmiedearbeiten der Beschläge und bunt gemalten Ofenkacheln fesselt jener Schmuck unser Auge.

Dabei erheben die auf der Mitte der Decke oft reich gemalten und vergoldeten Familienwappen der beiden Eheleute den alten Patrizierstolz, und religiöse Sinnsprüche an Decken und Wänden erhalten die guten alten Sitten.

Fig. 85.

Das auf Tafel 23 dargestellte Zimmer befindet sich in dem von Ritter Melchior Lussi in Wolfenschiessen, Kanton Unterwalden, im Jahre 1586 erbauten Blockhause. Ausser dem auf dem gleichen ersten Holzboden gelegenen und reicher ausgestatteten städtischen Salon dieses Hauses liegt jenseits des Hausganges das hier dargestellte kleinere Wohnzimmer gegen Osten. Die hier abgebildete Thüre führt nach dem Hausgang, seitwärts rechts steht die Wanduhr und das in ver-

schiedenfarbigen Holzsorten mosaikartig geziorte Buffet, welches stets ein nischenartiges Gefach zum Abwaschen enthält. Zur Linken, etwas vor der Thürwand vorgeschoben, steht der grosse Knobelofen, welcher von der Küche aus geheizt und sowohl zum Backen des Brotes wie zum Dörren des Obstes benutzt wird. In der Ecke zwischen dem Ofen und der Wand sind einige hohe Sitz- oder Tritt-Stufen an einer Fallthüre an der Decke angebracht, durch die man zu dem oberen Schlafgemach gelangen kann. Dieser Ofen, wie auch die Füllungen der Thüre und das Buffet stammen aus der letzten Hälfte des 17. Jahrhunderts.

Die Fenster haben die damals allgemein übliche Einrichtung zum Seitwärtsschieben eines halben Flügels über den andern.

Zur Linken Tafel 23 ist ein an die Wand aufgeklappter Tisch gezeichnet, an dessen Platte zugleich das stützende Fussbrett aufgeklappt ist. Dergleichen Vorrichtungen, wobei auch die Sitzbänke zu einer Tischseite an die Wand aufgeklappt werden können, befinden sich häufig auf den Galerien der Wohnhäuser, wie auch in Hausfluren oder breiten Hausgängen, wo sie im Sommer als Speisetische benutzt werden.

Wir haben bereits darauf hingewiesen, wie das Schweizer Blockhaus äusserlich gleichsam ein Spiegel seiner inneren architektonischen Einteilung ist und wollen schliesslich diese harmonische Übereinstimmung bezüglich der inneren und äusseren Fensterbekleidungen nach den Fig. 85 und 86 hervorheben.

Fig. 86.

Diese Figuren stellen ein Doppelfenster von einem Wohnhause in Jenaz (Prättigau) aus dem Jahre 1687 dar, wobei die Profilierungen der Fensterbekleidungen in zierlicher Weise durchgeführt sind. Bei einem andern Hause in Jenaz wiederholen sich sogar, wenn auch in einfacherer Weise die inneren und äusseren Profilierungen und Verkröpfungen jener Bekleidungen in denselben Formen.

MARKTSTRASSE ZU STEIN AM RHEIN.

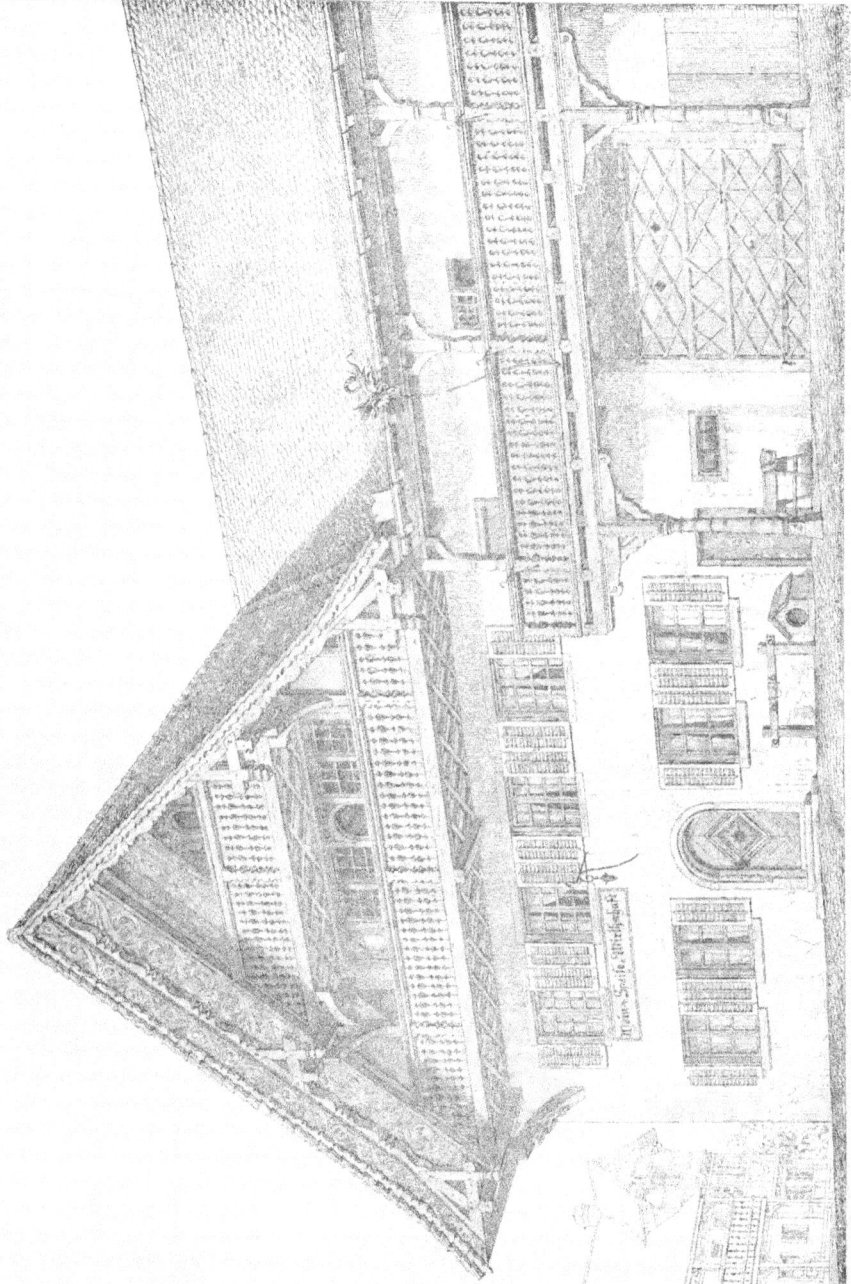

GASTHAUS VON CONRAD GISLER ZU FLAACH

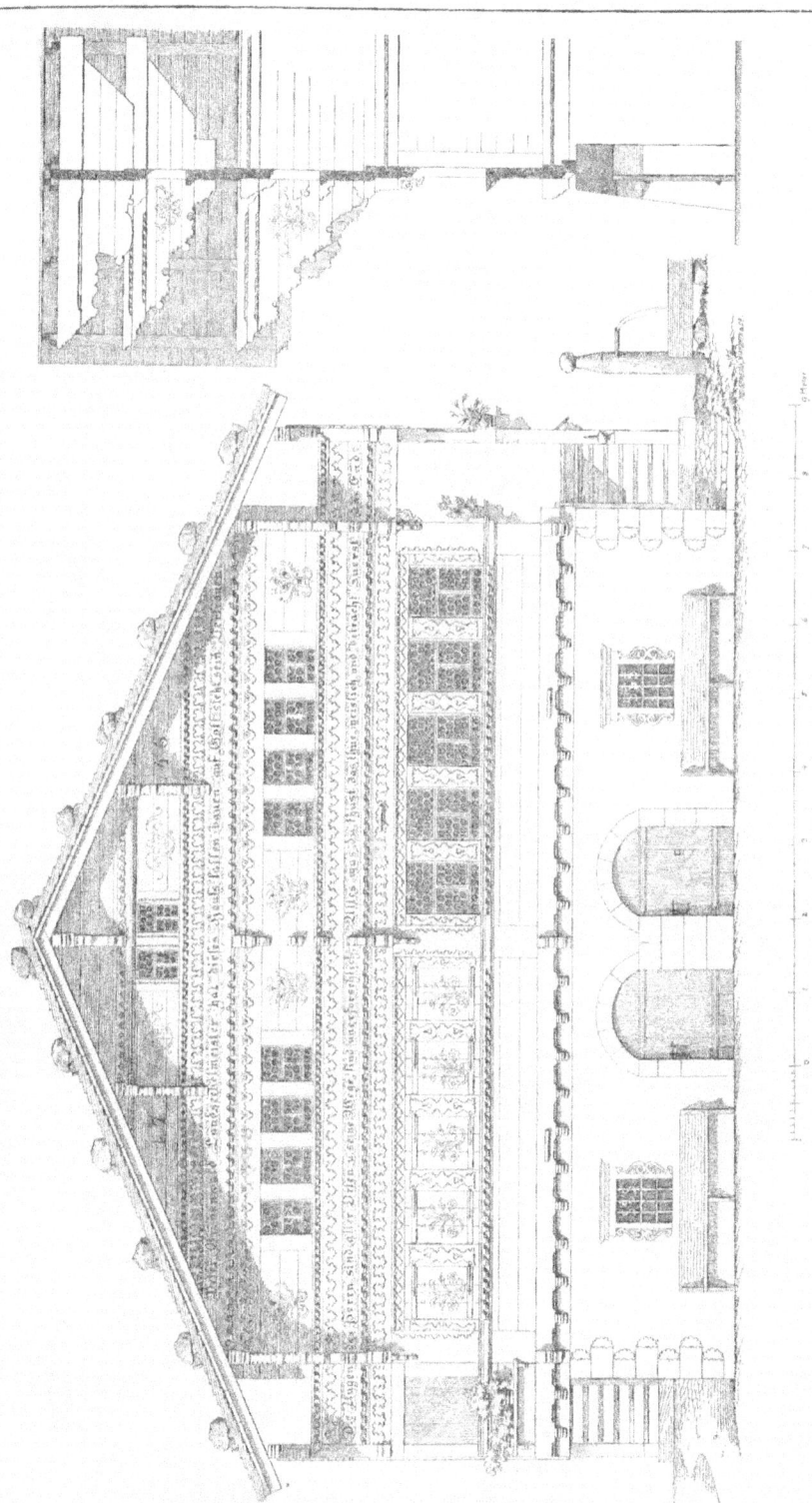

HAUS AM OBERSTEG ZU BETTELRIED.

SPEICHERBAU UND WOHNHAUS ZU SAGREBELN.

WOHNHÄUSER VON CHARMEY UND WEIBOLDSRIED

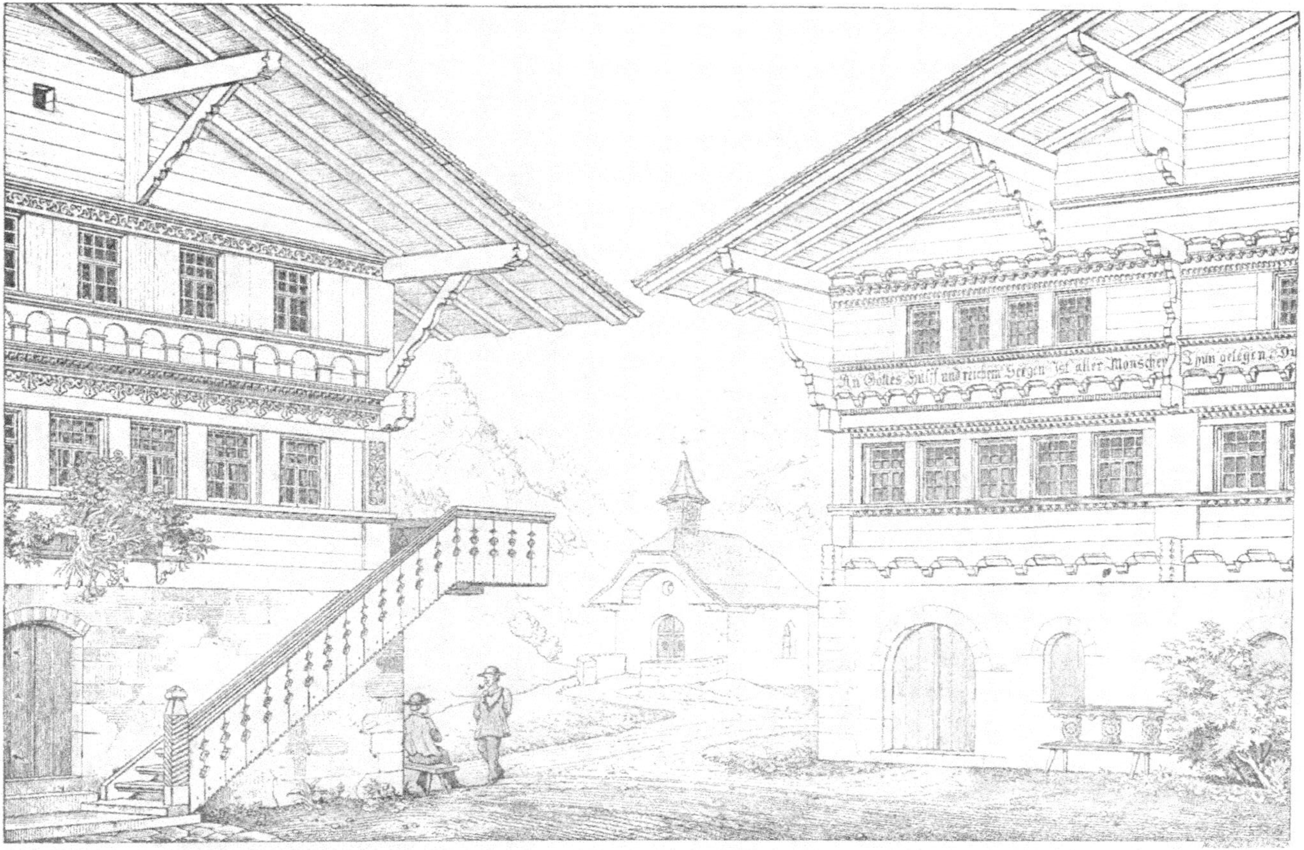

E. Gladbach gez.

WOHNHÄUSER VON JAUN, KANTON FREIBURG.

Zürich, Verlag v. Caesar Schmidt.

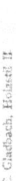

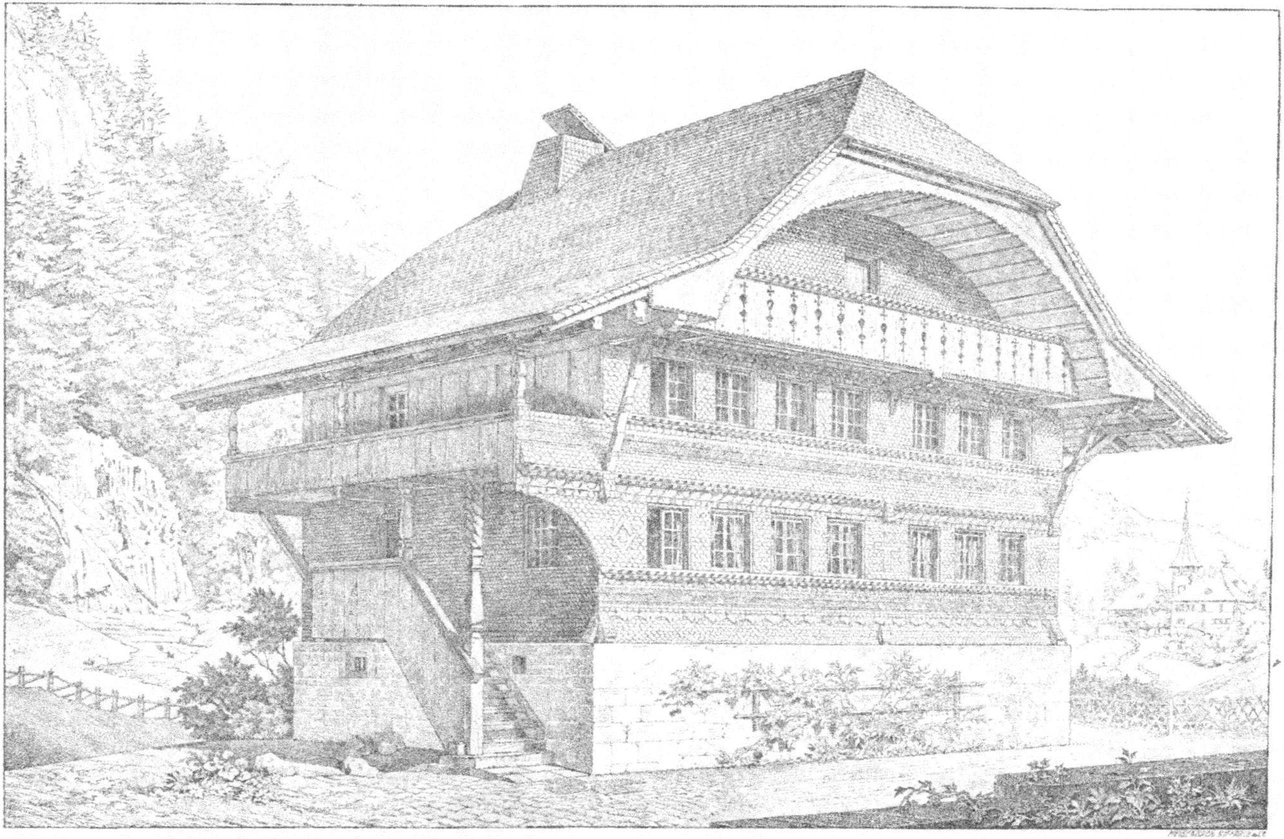

E. Gladbach gez.

DAS ALTE PFARRHAUS IN JAUN

Zürich, Verlag v. Caesar Schmidt

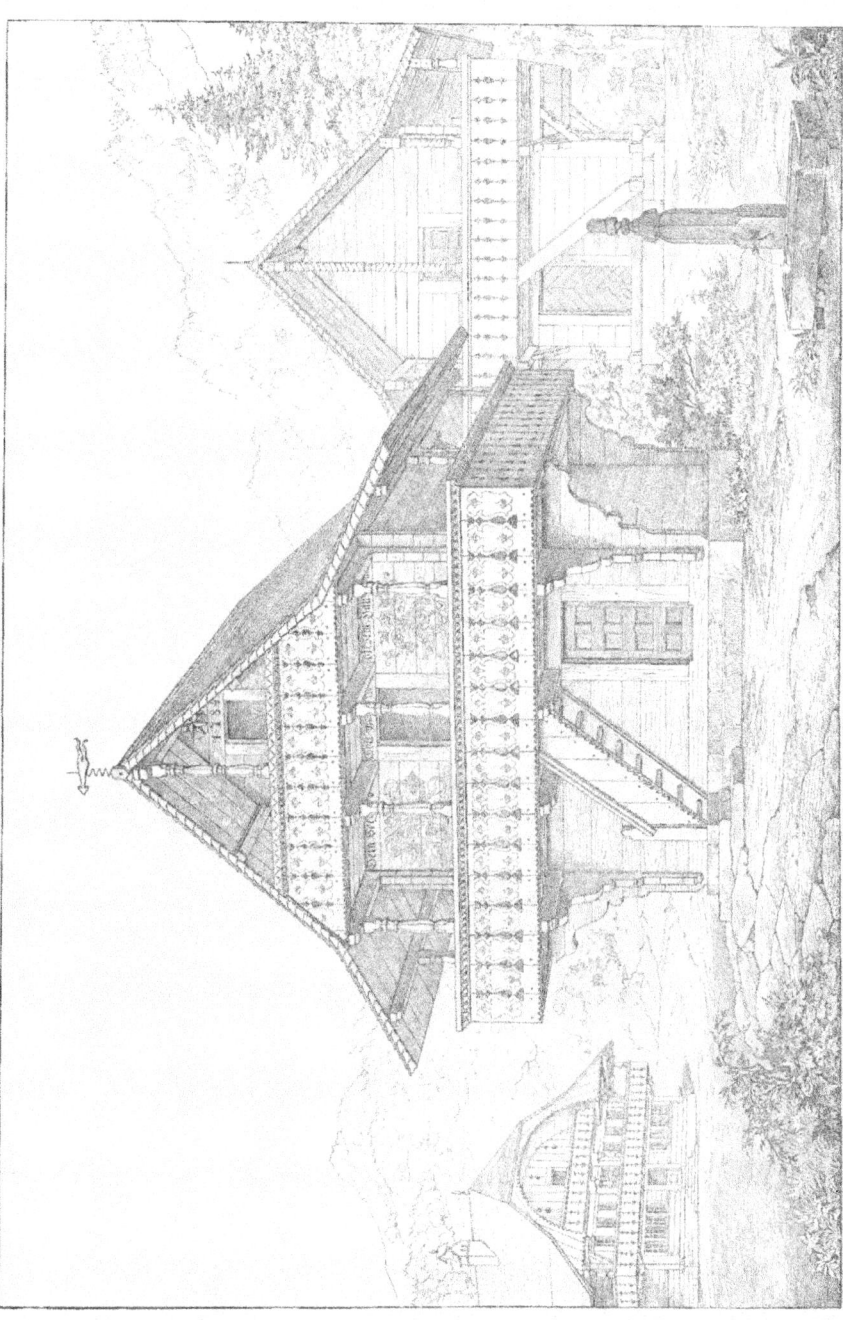

SPEICHERBAUTEN VON RIEDSTÄTTEN UND SCHWARZENBURG, KANTON BERN.

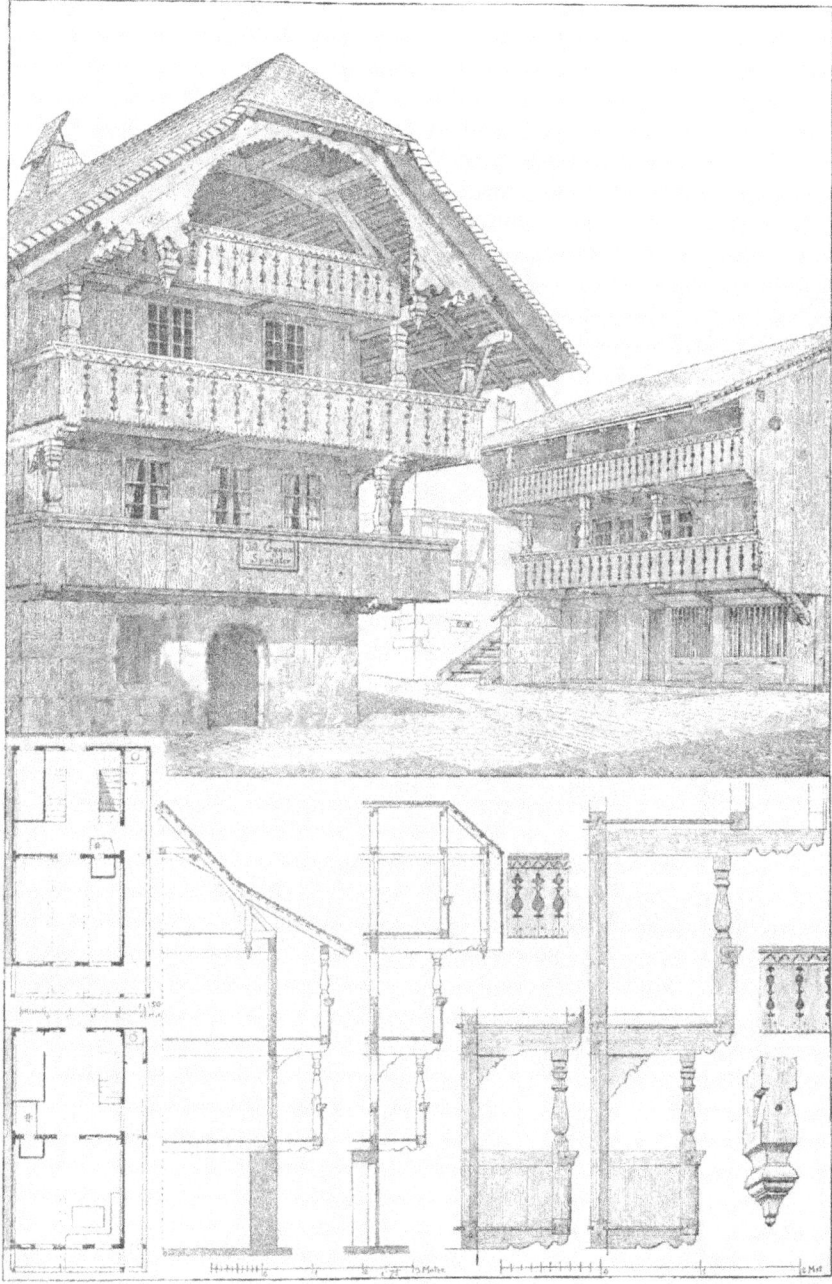

HÄUSER AUS SCHWARZENBURG.

HÄUSER UND FRUCHTSPEICHER VON SCHWARZENBURG

WOHNHAUS IN JENAZ.

HAUS IN GRÜSCH.

HAUS IN KIPPEL.

EIN ALPENHAUS IM LOETSCHENTHAL UND DAS SCHULHAUS IN SIEG.

HAUS IN VEX.

WOHNHÄUSER IN KIPPEL UND HÉRÉMENCE

WOHNHAUS IN SUMVIX UND KLOSTERKIRCHE IN DISENTIS.

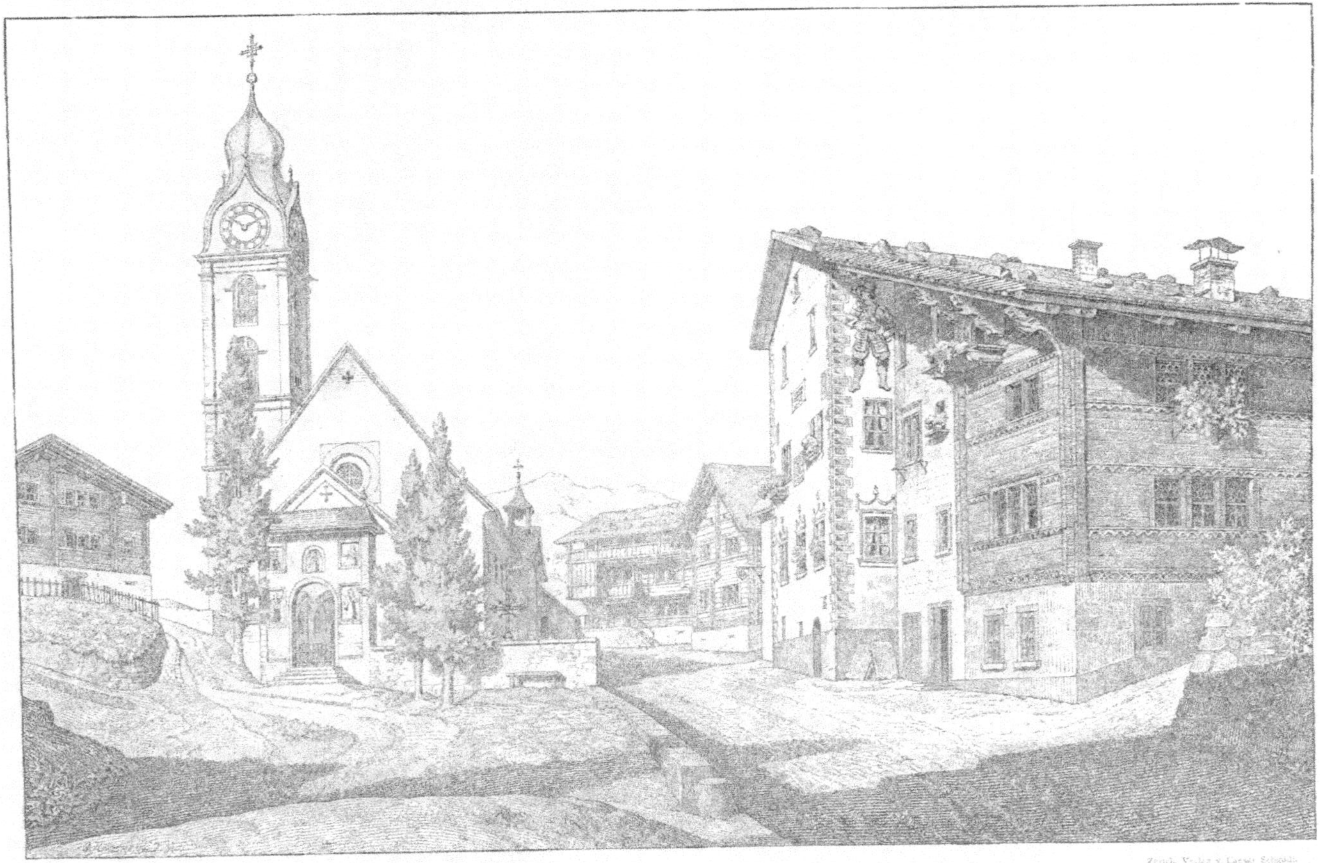

E. Gladbach gez.

Zürich, Verlag v. Caesar Schmidt.

HÄUSER UND KIRCHE IN SUMVIX

SPEICHER UND STALLBAUTEN IN KIPPEL UND CHIAMUTT.

HAUS IN GSCHWEND BEI HÜTTEN

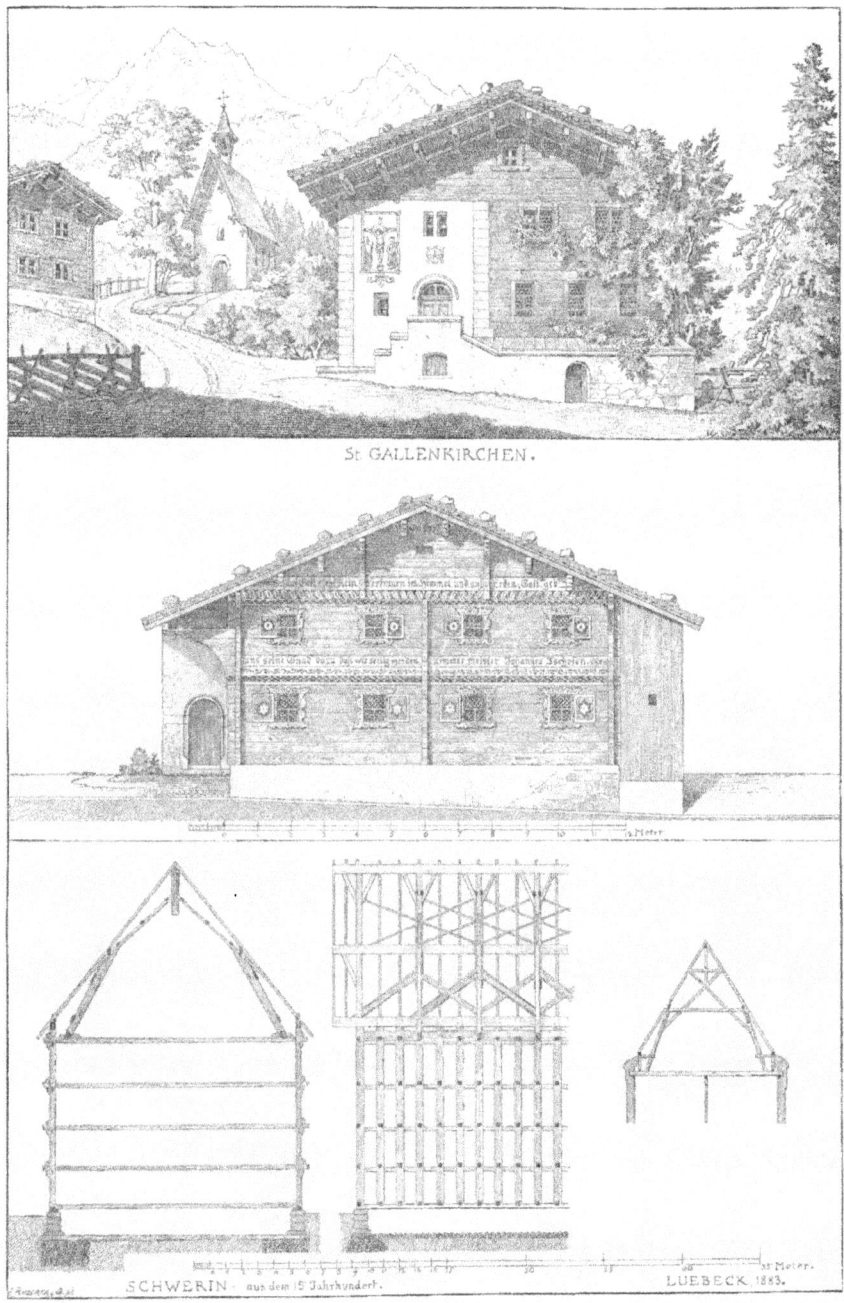

DEUTSCHE BLOCK- UND STÄNDERBAUTEN.

SPEICHERBAUTEN DREIER KANTONE.

WOHNZIMMER AUS WOLFENSCHIESSEN

www.ingramcontent.com/pod-product-compliance
Lightning Source LLC
Chambersburg PA
CBHW020841160426
43192CB00007B/741